草原生物群落

Grassland Biomes

[美] Susan L. Woodward 著
辛明翰 译
张志明 总译审
包国章 专家译审

長春出版社
全国百佳图书出版单位

图书在版编目(CIP)数据

草原生物群落/(美)苏珊·L.伍德沃德(Susan L. Woodward)著;辛明翰译. —长春:长春出版社,2014.6 (2017.6 重印)
(世界生物群落)
ISBN 978-7-5445-2419-3

Ⅰ.①草… Ⅱ.①苏…②辛… Ⅲ.①草原生态系统-青年读物②草原生态系统-少年读物 Ⅳ.①S812-49

中国版本图书馆 CIP 数据核字(2012)第 315647 号

草原生物群落

著　　者:[美]Susan L. Woodward　　译　　者:辛明翰
总 译 审:张志明　　专家译审:包国章
责任编辑:李春芳　王生团　江　鹰　　封面设计:刘喜岩

出版发行:長春出版社　　总编室电话:0431-88563443
发行部电话:0431-88561180　　邮购零售电话:0431-88561177
地　　址:吉林省长春市建设街 1377 号
邮　　编:130061
网　　址:www.cccbs.net
制　　版:荣辉图文
印　　刷:延边新华印刷有限公司
经　　销:新华书店

开　　本:787 毫米×1092 毫米　1/16
字　　数:135 千字
印　　张:10.5
版　　次:2014 年 6 月第 1 版
印　　次:2017 年 6 月第 2 次印刷
定　　价:21.00 元

中文版前言

“山光悦鸟性，潭影空人心”道出了人类脱胎于自然、融合于自然的和谐真谛，而“一山有四季节，十里不同天”则又体现了各生物群落依存于自然的独特生命表现和“适者生存”的自然法则。可以说，人类对生物群落的认知过程也就是对大自然的感知过程，更是尊重自然、热爱自然、回归自然的必由之路。《世界生物群落》系列图书将带领读者跨越时空的界限，在领略全球自然风貌的同时，探秘不同环境下生物群落的生存世界。本套图书由中国生态学会生态学教育工作委员会副秘书长、吉林省生态学会理事、吉林大学包国章教授任专家译审，从生态学的专业角度，对翻译过程中涉及的相关术语进行了反复的推敲论证，并予以了修正完善；由辽宁省高等学校外语教学研究会副会长张志明教授任总译审；由郑永梅、李梅、辛明翰、钟铭玉、王晓红、潘成博、王婷、荆辉八位老师分别担任分册翻译。正是他们一丝不苟的工作精神和精益求精的严谨作风，才使这套科普图书以较为科学完整的面貌与读者见面。在此对他们的辛勤付出表示衷心的感谢！愿本书能够以独特的视角、缜密的思维、科学的分析为广大读者带来新的启发、新的体会。让我们跟随作者的笔触，共同体验大自然的和谐与美丽!

本书有不妥之处，敬请批评指正！

英文版前言

本书介绍了世界主要草原地区。草原地区大体上可以分为热带草原生物群落与温带草原生物群落。地球上的每一个地区由于气候、土壤条件的不同,会形成特有的生物结构,最有代表性的就是当地典型的动物和植物。本书首先对全球的生物群落进行了概括介绍,随后详细介绍了各大洲的生物群落特点。地图、图片、照片和图表会帮助读者理解为什么大自然会以不同的形态展现在世界各地, 同时读者还会明白为什么相同的生物群落会展现出如此丰富多彩的形式。

地理学家认为:地理位置决定了当地的生态环境,从某种程度上说,生态环境的形成也是基本的环境元素(例如温度、降雨、纬度)与大气循环相互作用的结果。地理位置是影响气候的重要因素,一个地方是靠近海边还是处在内陆,是在山的迎风坡还是背风坡,都将影响到降雨量、风的强度以及气温。不论是地形还是地貌,都会在地理变迁中不断发生变化,这些变化极大地影响着我们今天所看到的生态分布。每一种生物在地球上出现的时间都不尽相同,它们都有自己的发源地,大部分生物随着时间的推移散布到世界各地,最后又随着环境的改变而不断变化,从而适应当地的生长环境。有的生物有自己独特的分布区且只能生长在它们的发源地,否则将不能存活,这就是我们所说的某地的特有物种。但是有些生物则在任何草原上都可以生长。

随着地球环境的变迁,动植物也在迁移,它们需要具有较强的环境适应能力，包括适应当地气候环境、土壤条件、生物环境等。有些动植物可以完全适应这些变化，如果它们不能适应，就难以在全新的环境里生存，甚至会有灭绝的危险。因此，时间、空间、进化历史、地理环境等因素共同决定了生物的生长地区。一种植物一旦在新的地方生根发芽，它就要努力适应周围的环境。在环境相同的地区，没有关联的生命会采取相同的生存策略，从而展现出相似的形状、体积和生活习惯。所以，我们可以把同一个地区的动植物作为一个综合研究对象来进行整体研究，这也是理解生物群落概念的核心所在。我们只有全面了解了植物的生物形态、生物结构和生长状态，才能真正地了解植物，例如通过研究植物叶子与梗和枝的层次，就会发现植物为了适应全新的生长环境而发生的改变。本书主要介绍整个草原生物群落及其分布，不仅介绍不同地区的生物群落，而且还介绍不同生物群落中的代表性植物。植物的照片可以帮助读者了解不同地区、不同生物的生活形态。

另外，物种的构成也是不容忽视的，这既是每个地区生物群落的独特之处，也是区别不同生物群落的重要标志。了解物种的发源地也十分重要，因为了解发源地的生态系统有助于保护那些正在迅速减少甚至濒临灭绝的生物。目前，我们找不到完整的物种名录，但是常见物种和地区特有物种已经被学界所公认，尤其是那些特殊地区的特色物种。

这本书与其他介绍生物群落的图书有所不同。它没有以百科全书的形式按照字母的顺序来介绍生活在草原上的生物体系。作者着重考察的是不同地区不同生命体的生活形态。

“读万卷书不如行万里路”。想要了解不同生态环境中的生物状态，仅靠阅读一本书是不够的，只有亲眼看见它们所处的生态环境，才能知道它们是如何融入周围环境的，知道它们作为生态社会中的成员，单独或是在群体里如何存活。最近，我去了南非高原的卡拉哈里干燥的草原及克鲁格国家公园里的潮湿草原，那种新鲜的感觉持续了好久，我再一次陶醉在大自然的魅力中。我希望这本书能够激发读者的阅读兴趣。当您亲眼看到这些神奇的物种,您一定会体会到大自然是我们人类的宝贵财富,保护自然尤为重要。

我非常感谢凯文·唐宁,他给我提供了非常宝贵的意见,没有他的支持,这本书难以按期出版。还有杰夫·迪克逊,他的补充性介绍为这本书增色不少,感谢他的积极协助与通力合作。瑞德福大学地理系的伯纳德·库恩尼克为我们准备了丰富翔实的地图,读者可以对温带草原生物群落与热带草原生物群落有更加充分的认识。乔伊斯·奎恩则和我一起探索了南非的草原与沙漠,她的建议具有很强的实用性,对这本书有很大的帮助,在此我深表谢意。

最后,我要把这本书献给我去世的父亲阿普尔顿·C.伍德沃德。在我童年的时候,他就带我去新英格兰的树林里观看鸟类,是他让我对大自然和地理产生了如此浓厚的兴趣。

目 录

如何阅读本书

本书主要介绍的是草原生物群落，包含温带草原和热带草原生物群落两个部分。首先对有关地球生物群落做了概括性介绍，接下来介绍了世界不同地区的生物群落。关于不同地区生物群落的介绍都是独立成章的，但也有着内在的联系，在平实的叙述中，能够给读者以启发。

为方便读者的阅读，作者在介绍物种时，尽可能少使用专业术语，以便呈现多学科性，对于书中出现的读者不太熟悉的术语，在书后的词汇表中有选择地列出了这些术语的定义。并在附录中列出了每章中每种动植物中文与拉丁文学名的对照表。本书使用的数据来自英文资料，为保证其准确性，仍以英制计量单位表述，并以国际标准计量单位注释。

在生物群落章节介绍中，对主要的生物群落进行了简要描述，也讨论了科学家在研究及理解生物群落时用到的主要概念，同时也阐述并解释了用于区分世界生物群落的环境因素及其过程。

学名的使用

使用拉丁名词与学科名词来命名生物体，虽然使用起来不太方便，但这样做还是有好处的，目前使用学科名词是国际通行的惯例。这样，每个人都会准确地知道不同人谈论的是哪种物种。如果使用常用名词就难以起到这种作用，因为不同地区和语言中的常用名词并不统一。使用常用名词还会遇到这样的问题：欧洲早期的殖民者在美国或者其他大陆遇到与在欧洲相似的物种后，就会给它们起相同的名字。比如美国知更鸟，因为它像欧洲的知更鸟那样，胸前的羽毛是红色的，但是它与欧洲的知更鸟并不是一种鸟，如果查看学科名词就会发现，美国知更鸟的学科名词是旅鸫，而英国的知更鸟却是欧亚鸲，它们不仅被学者分类，放在了不同的属中（鸫属与鸲属），还分在了不同的科中。美国知更鸟其实是画眉鸟（鸫科），而英国的知更鸟却是欧洲的京燕（鹟科）。这个问题的确十分重要，因为这两种鸟的关系就像橙子与苹果的关系一样。它们是常用名称相同却相差很远的两种动物。

在解开物种分布的难题时，学科名词是一笔秘密“宝藏”。两种不同的物种分类越大，它们距离共同祖先的时间就越久远。两种不同的物种被放在同一属类里面，就好像是两个兄弟有着一个父亲——他们是同一代且相关的。如是在同一个科里的两种属类，就好像是堂兄弟一样——他们都有着同样的祖父，但是不同的父亲。随着时间的流逝，他们相同的祖先起源就会被时间分得更远。研究生物群落很重要的一点是："时间的距离意味着空间的距离"。普遍的结论是，新物种是由于某种原因与自己的同类被隔离后适应了新的环境才形成的。科学上的分类进入属、科、目，有助于人们从进化的角度理解一个种群独自发展的时间，从而可以了解到，在过去因为环境的变化使物种的类属也发生了变化，这暗示了古代与现代物种在逐步转变过程中的联系与区别。因此，如果你发现同一属、科的两个物种是同一家族却分散在两个大洲，那么它们的"父亲"或"祖父"在不久之前就会有很近的接触，这是因为两大洲的生活环境极为相同，或者是因为它们的祖先克服了障碍之后迁徙到了新的地方。分类学分开的角度越大（例如不同的家族生存在不同的地理地带），它们追溯到相同祖先的时间与实际分开的时间就越长。进化的历史与地球的历史就隐藏在名称里面，所以说分类学是很重要的。

大部分读者当然不需要或者不想去考虑久远的过去，因此拉丁文名词基本不会在这本书里出现，只有在常用的英文名称不存在时，或涉及的动植物是从其他地方引进学科名词时才会被使用。有时种属的名词会按顺序出现，那是它们长时间的隔离与进化的结果。如果读者想查找关于某个物种的更多信息，那就需要使用拉丁文名词在相关的文献或者网络上寻找，这样才能充分了解你想认识的这个物种。在对比两种不同生态体系中的生物或两个不同区域中的相同生态体系时，一定要参考它们的学科名词，这样才能确定诸如"知更鸟"在另一个地方是否也叫作"知更鸟"的情形。

第一章
草原生物群落概述

草是世界上两大生物群落中的主要植物。这两大生物群落一个是热带草原生物群落，另一个是中纬度地区的温带草原生物群落（见图1.1）。这两个生物群落唯一的相同之处就是草是它们的主要植物。不同的生物群落具有不同的气候环境（虽然它们的降雨量都很有限），不同的土壤，不同的动物，不同的非禾草植物成长形态，甚至不同的草（见表1.1）。

在本书里我们提供了温带草原生物群落与热带草原生物群落的信息。每一个生物群落都从以下角度进行了概括性介绍：

·生物群落的地理位置；
·大体的气候状况和其他植物的自然发展与分布；
·生物群落里常见植物的生长形态与结构；
·土壤形成的主要过程和天气与植物互动形成的土壤类型；
·常见的适应方式与生活在生物群落里的动物的种类；
·世界上草原的现状与所受到的威胁。

在整体性的概括之后，我们将对不同大陆上不同生物群落的详细情况逐个进行具体描述。对它们的确切位置、气候状态、土壤种类与动植物种类在各章节中进行介绍。

草是分类学里的一个单元，这个家族的植物现在通常被叫作禾本科。它与莎草、灯芯草有着相同的特征，它们都是禾草状的生长形态。禾本植物这个术语起源于学科名词里对草家族的称呼，而其他禾草状植物则属于其他家族：灯芯草属于灯芯草科，莎草和芦苇则属于莎草科。

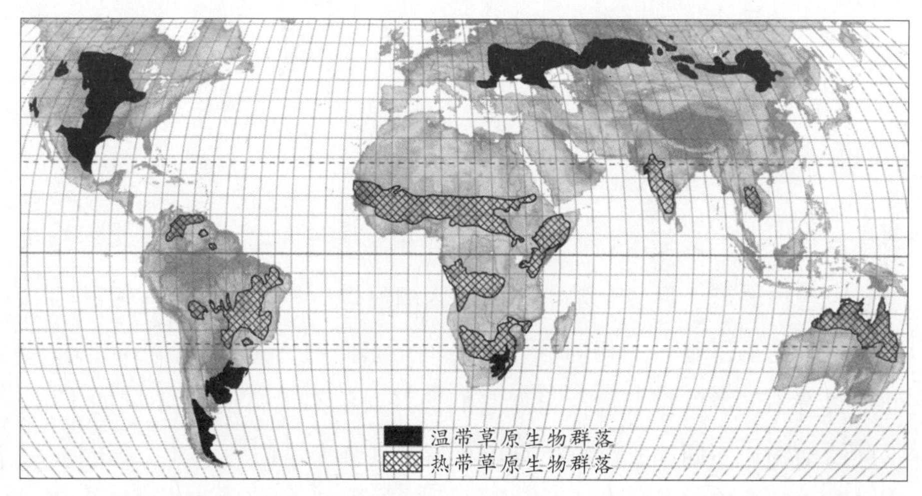

图 1.1　世界上两个主要草原生物群落的分布情况，温带草原生物群落（黑色）和热带草原生物群落（网状）

关于草家族

表1.1　温带草原生物群落与热带草原生物群落的比较

特　点	温带草原生物群落	热带草原生物群落
地点	中纬度地区，大陆的内陆或主要山脉的雨影区；在森林沙漠生物群落之间	热带；热带雨林生物群落的南面和北面
温度控制	中纬度季节性气候受大陆影响而恶化；中等海拔	热带纬度；低海拔
温度规律(每年)	温差较大；冬季温度常会低于0℃	全年温度变化不大；不会结冰
降雨量控制	夏季对流引起的暴风雨；极面的变换；亚洲的季风；雨影效果	热带之间集中地区的季节变换
总降雨量	10~20英寸(约250~500毫米)	20~60英寸(约500~1500毫米)

特　点	温带草原生物群落	热带草原生物群落
季节气候差异程度	夏季炎热，冬季寒冷	以多阳的雨季和少阳的干燥季节为主
气候种类	雨量较少，半干燥气候	潮湿与干燥的热带气候
占优势的生长形态	禾草和杂类草	禾草类植物与树木
光合作用的路径	C_4 和 C_3	C_4
主要的土壤形成过程	钙化	红土化
主要土壤结构	软土	氧化土
土壤特征	肥沃，高腐殖质；低、中碱性；黑或褐色	贫瘠，大量沥滤的，酸性；红色
典型哺乳动物	部分大型有蹄食草动物；部分食肉动物；大量繁殖的掘穴啮齿目动物	非洲：大型群居有蹄类动物，食草和觅食动物，大型猫科和食肉动物
生物多样性	低到中等	高
年龄	近代的：后更新世起源	古代的：第三纪起源
目前状态	18世纪以来被放牧所改变，被作物耕种的转化所摧毁，最近城市化也是一个威胁。剩下的几个区域也因为过分放牧和火灾日趋陵夷，保护工作正在进行	亚洲与非洲被几千年来的火灾和放牧所改变，那里和其他地方被过分放牧，农作物种植的快速增长，沙漠化和城市化的威胁。大面积的动植物保护区已经形成

真正的草是有花的植物。它们的花是没有花瓣的，这一点常被忽视。纷繁的种类构成了这个庞大而分布广阔的家族。有的草是多年生的，可以存活两年或更多的年头；有的草则是一年生的，只在一年或更短的时间里完成它们的生命循环。

每种草的特征都会在图1.2中展示出来。成熟的草由垂直的茎和草秆组成。草秆有一系列坚固的关节，而它是被底部的鞘状包覆物所覆盖。

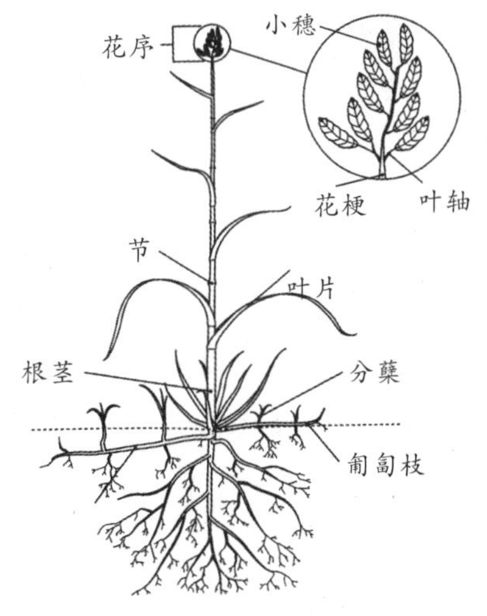

图1.2　草的主要部分　（杰夫·迪克逊提供）

上部的叶子与叶片可以托起相反一面的草秆。茎节中间可能是空的也可能充满一种叫作髓的海绵状物体。灯芯草、莎草和芦苇没有节。灯芯草的茎是圆形的，而莎草和芦苇的茎却是三角形的。很多草都会长出匍匐枝，而茎会伸展在地面上，匍匐枝上的新根与后代根叫作分蘖。底下的茎叫作根茎，它也会生根和分蘖。两者的意义就是植物的繁殖本能使草植物扩展而形成草皮。

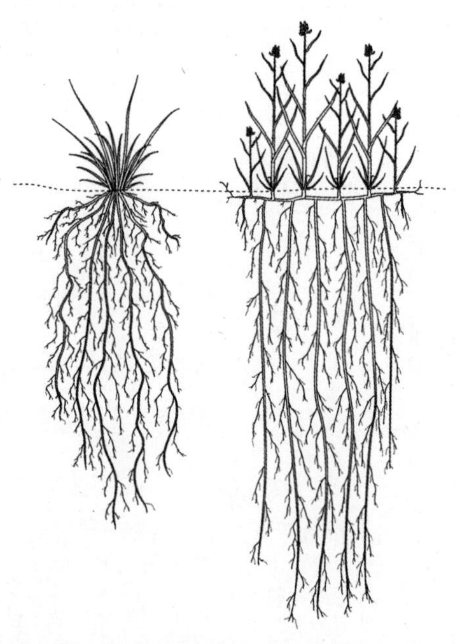

图1.3　丛生禾草（左）和草皮生长草（右）生长形态的比较　（杰夫·迪克逊提供）

草通常分为草皮生长草和丛生禾草（见图1.3）。丛生禾草是它们在地面上的嫩芽，成群地盘在主茎上，不会产生匍匐枝与根茎。丛生禾草是靠种子来繁殖和散布的。

多年生的草是以根茎连接根与茎为基础的。根茎会在不生长的季节里生存，然后产生重生芽，重生芽又会形成新的秆、分蘖、根、根茎和匍匐枝，即使在放牧与火灾的双重影响下，草也能够生长。多年生的草有一个特殊的器官叫作球茎，球茎生长在根茎附近，主要用来储存能量与养分，为植物的生长做好准备。

草可以适应多种多样的生长环境，它可以在树木都难以生存的环境中生存下来。垂直的茎与叶片会阻止阳光直射在叶子上，这样草就可以适应炎热的环境了，它会阻挡阳光在叶面进行光合作用时产生的毁灭性热量。根茎会让多年生的草在条件不适合的时候“假死”，而在温度与降雨量适合的时候重新发芽。新发芽的草长在地表，它可以被落叶或雪盖住，这能有效防止冻伤和火的伤害。这些新芽也不会接触到食草动物(甚至除草机)，因此除草不会消灭它们反而会刺激草的生长。

草的叶片垂直而不弯曲，这是因为草的细胞壁中含有硅，这种硅体叫作植物岩（植物石)，它是草中所含有的一种特殊的硅细胞或是积攒在外壁里的另外一种细胞。在每一种草里面植物岩都有特殊的形态，在显微镜下可以清楚分辨它们的类别。这些论据可以让科学家从食草动物的粪便里面知道它们的日常食物。

草是5500万年前开始出现的。动物通过消化系统的进化和牙齿的生长来适应这种难以消化而且磨损牙齿的粗糙植物。开始的时候，奇蹄类哺乳动物（马类、犀牛类、貘类）占据了优势，它们靠盲肠里的细菌来完成消化，草在小肠与结肠之间进行消化。这种消化方式的效率不是很高，但是动物可以在食用大量粗糙草之后快速将其排泄出来，即使一些食物在通过它们消化系统的时候没有被完全消化。

后来，偶蹄类动物的多室胃和瘤胃大大提高了消化的效率。细菌仍然是在前肠特殊的发酵室里消化的主要动力，消化的过程需要缓慢地反嚼食团（反刍的食物)。偶蹄动物发展成了很多种，大部分是牛的家族(牛科)，但是却没有完全取代奇蹄动物。有蹄类动物适应了草的特性，直至今天我们在草原上仍然可以看到它们。目前，有蹄动物仍然是温热两带生物群落中主要的大型哺乳动物。

兔类动物（家兔、野兔与其他）是食草的小型哺乳动物，也是北美和欧亚大陆温带生物群落中的重要一员。食物会两次通过它们的肠胃，这样它们能吸取充足的能量与营养。在第一次通过时，嚼碎的草被部分消化，而没有消化的食物会变成球状的湿润排泄物。它们会再吃掉这些排泄物吸收里面的营养成分，最后排出干燥的球状粪便。

从地理角度来说，草是非常年轻而且高度多样化的植物家族，它们能够适应多种多样的生存环境。大部分的草都不喜欢阴暗的生长环境，所以树冠封闭的树林和森林中是没有草的。另外，严重的干旱也会抑制草的生长。所以在树木相对分散和比较湿润的环境中，草更容易生长。草可以在多种温度下生存，不同的温度条件下会长出不同种类的草。有两种光合作用的方式叫作C_3和C_4路径，它们形成了不同类型的草，即有些草适合生长在凉爽的环境中，而有些适合生长在炎热的环境里。凉季草（C_3草）与暖季草（C_4草）的不同见右侧条。

凉季草（C_3草本）与暖季草（C_4草本）

当植物通过光合作用吸收大气中的二氧化碳时，会制造出以碳原子为基础的混合物。初期的制品是酸。根据不同的化学途径把二氧化碳转换成植物可以使用的混合物，可能产生三碳结构或者四碳结构。这个过程中牵涉的碳原子的数量会促进C_3或C_4植物的最终转换。

C_3植物也叫作凉季植物，它们的最佳生长温度是17°C～23°C。在初春，土壤温度达到4°C～7°C的时候开始生长，在夏天最热的时候停止生长，而在凉爽的秋天到来时会继续生长。

C_4植物在更高的温度下进行光合作用，因此使用这种方式的草被称为暖季草。暖季草在32℃～34℃的温度条件下，光合作用的效率最高。这种草在土壤温度达到15℃～18℃时才能生长。

在热带地区与中纬度地区，夏天生长的草是典型的暖季草，在凉爽的温带和中纬度的草原中大量生长着的是凉季草。小麦与黑麦都是种植的年度草，属于C_3类。玉米与甘蔗也是种植的草类，属于C_4类。

草原气候

热带草原与温带草原的不同气候与它们的植物的生长方式是有密切联系的。天气包括年度与季度性的降水量以及季度性温度的变化。热带草原气候出现在热带潮湿与干燥的地区（克彭气候热带草原分类）。每年降雨量达到20~40英寸（约500~1000毫米），但是降雨量都集中在大约4个月的时间内，也就是说，在晴朗而漫长的干燥季节里，许多植物都无法生长。在热带，季节是以雨量的多少而不是用温度来区分的。热带的雨季是在太阳全盛的时候，当热带辐合区（ITCZ）从赤道附近的区域迁移到南北极方向时，在这一区域，南北半球信风汇聚在一起而形成雨水。太阳全盛时期会发生在任何半球高、中纬度地区的夏天，所以北半球的雨季大概都在5月份到8月份之间，而南半球的雨季则在11月份到来年2月份之间。

温带草原与中纬度半干旱气候（英国标准的克彭气候分类系统）也是有密切联系的，这里每年的降雨量通常少于20英寸（约500毫米），但是几乎每个月都会下雨，而降雨量最多的时候是在夏天。在大陆性干旱气候区，大幅度的温差使这里四季分明（见图1.4a）。

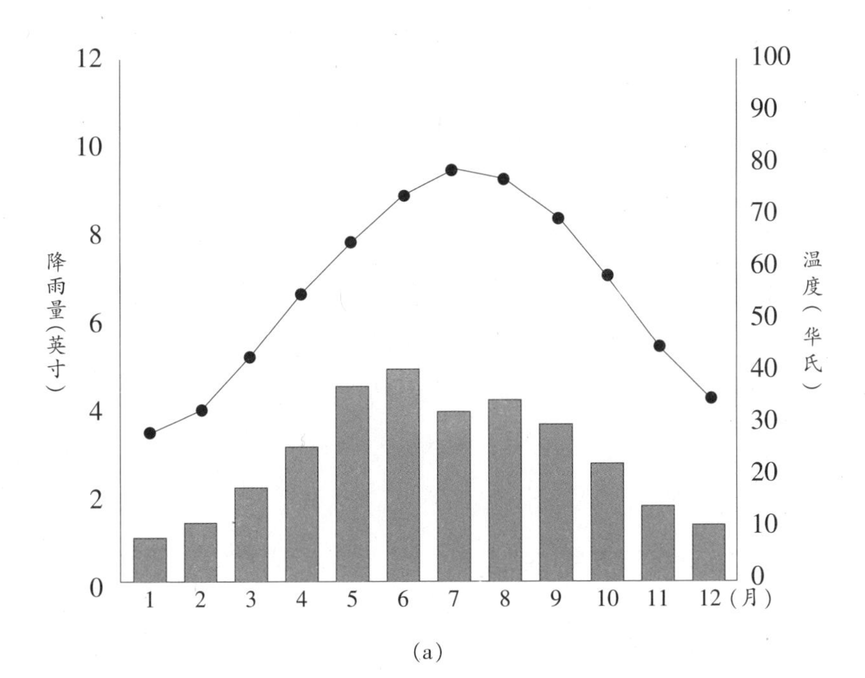

(a)

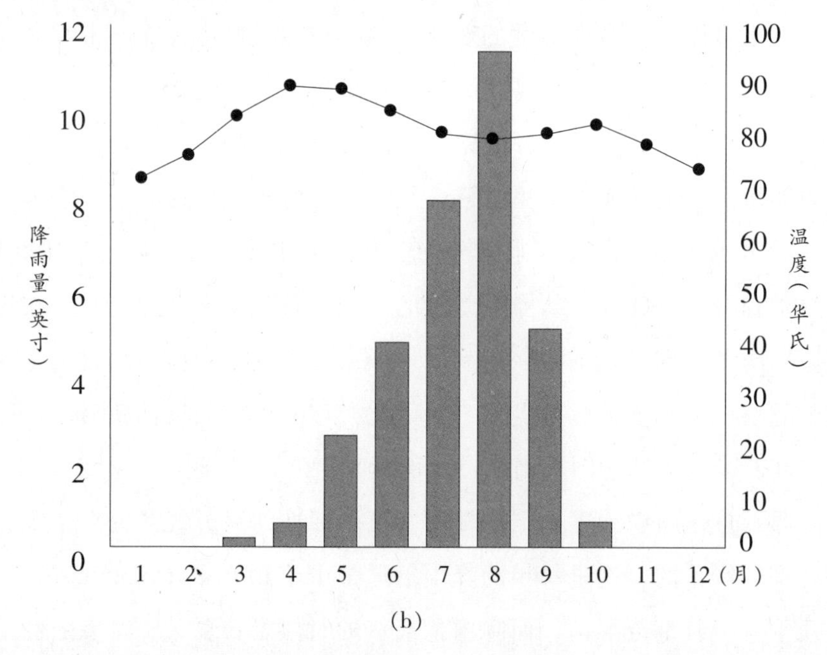

图1.4　半干旱与热带草原的气象代表图。(a) 为北美的高草草原；(b) 为非洲的热带大草原　(杰夫·迪克逊提供)

草原土壤

气候在土壤的形成中起着十分重要的作用，因此温带生物群落与热带生物群落的土壤有很大的不同。热带草原的土壤是形成发展于古老的、经历了百万年温暖气候与适当降雨的稳定地表之上的。土壤中大部分能够被融化和洗掉的化学成分已经消失，土壤并不肥沃而且含有铁和

能源草

通过能源农场来制造生物燃料，在解决环境与经济的问题上呈上升趋势。能源农场中的大部分作物是C_4（暖季草），这是用不破

坏生态平衡的农业系统把糖分或纤维素转换成乙醇，然后用清洁燃烧的模式来取代运输和发电中使用的汽油和煤。巴西使用甘蔗来转换能源已经近20年了。

在美国，主要的能源草是玉米，但是它的乙醇转化率不高。在发酵过程中，只有玉米粒中的糖分会被转化成酒精。种植玉米所需要的汽油与它所能制造的乙醇几乎是相等的，所以能源公司的科学家正在试验效率更高的新能源草，特别是巨型芒草、野生甘蔗和柳枝稷。而这三种植物的所有部分都会被使用，因为生产过程是把它们的纤维素转换成生物燃料，就像甘蔗一样。

巨型芒草有时也叫大象草，是一种非常高的人造植物，它是由两种不同的亚洲草杂交而成的，因此这种草不能繁殖后代。在18世纪，野生甘蔗和巨型芦苇（芦竹）从地中海地区来到了美国。这种草可以长到6米高，虽然它可以用来发电，但是它会对湿地造成生态危害。柳枝稷是北美草原土生土长、分布广阔的一种高草。它能够生长在不同地方作物的边缘，可以提供纯净的燃料，而且在生长与收获阶段也只需投入少量化石燃料。如果它的市场能够开发，会给农民带来可观的经济效益。

铝的氧化浓缩物。铁的成分使这些氧化物呈深红的颜色。温带草原是在最后一个冰河时代后期开始形成的，大约在6000~8000年前。这里的土壤是在半干旱的气候下形成发展的，土壤的营养往往是集中在草根可以穿过的土壤中层（沉淀层），而不是从土柱里过滤而来的。寒冷的冬天会季节性地减慢和中断死亡、腐蚀植物的分解，因而含有营养的腐殖质可以保存在表土层里，形成深褐色甚至是黑色的肥沃软土。

人类对自然环境的影响与保护

草原的植被、土壤、技术主宰了人类对世界上草原的使用方式，牧群经济在欧洲大陆已经繁荣了千年。过度的放牧改变了植物的生态结构：草原中出现了没有植被的土地，也生长了有刺的灌木和树木。随着1492年哥伦布航海时期，欧洲的牲畜被带到了北美，而它们在温热带草原的分布却推迟了几个世纪，直到18世纪，它们才扩展到了那些不太适合生存的环境。约翰·迪尔发明的钢铁犁铧在北美温带草原地区开垦出大片农田，广泛种植谷类作物，特别是小麦与玉米。今天，大量种植的作物比如大豆，给热带草原带来了巨大的影响。

人类的移民改变了温热带草原野火的频率与温度。在温带草原，自然植物重新繁殖所需的野火停止后，木本植物受到了威胁。在热带草原，由于畜牧者的原因，野火的频率有所增加而损害了植物，植物体系的结构再一次被改变。

由于人类的活动，天然的草原在今天已非常少见。温带草原大体上只存活了一小片，热带草原开始面对同样的问题。大量的保护措施已经开始计划实施，但是到底有多少生物群落可以被保护仍有待观察。

第二章
温带草原生物群落

概　览

大陆中纬度地区的天然植被大部分是多年生的禾本科植物与非禾本草本植物（除了南极洲，因为它距离中纬度非常遥远）（见图2.1和图2.2）。温带草原生物群落与半干旱的气候是有密切联系的，特别是在温带的森林与沙漠中。现在这种动植物的组合是在更新世以后出现的，是在当时的气候稳定后，随着黄土与冰川的沉积形成的。

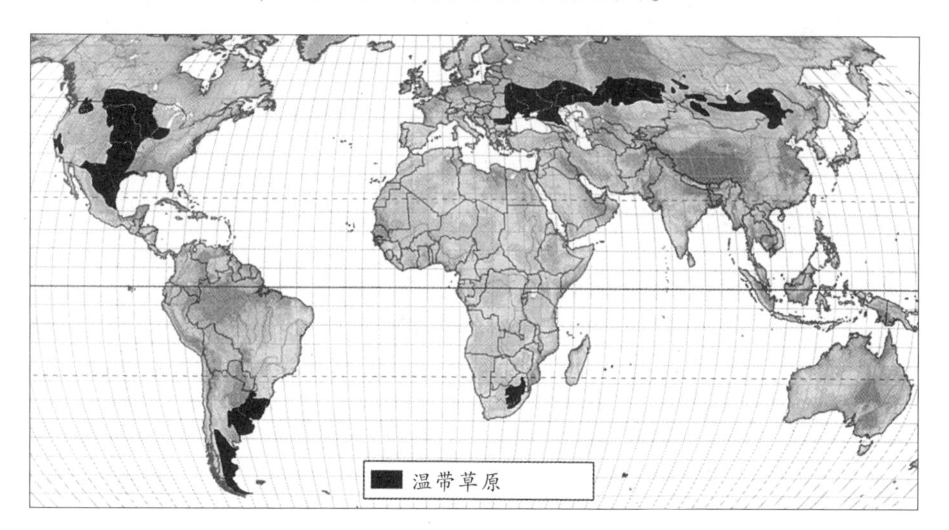

图2.1　温带草原生物群落在世界的分布　（伯纳德·库恩尼克提供）

图2.2　温带草原典型植物的外形，普遍为阔叶草本植物与禾本科植物　（杰夫·迪克逊提供）

每一块大陆上的温带草原生物群落都有它们自己的名字，在北美洲叫作北美大草原，在欧亚大陆叫作干草原，在南美叫作南美大草原，在非洲南部叫作南非洲草原。北美洲与欧亚大陆生物群落中部分动植物是非常相近的，后来它们受到了气候变迁、人类的占有、使用野火和人类牧养的家畜等诸多因素的影响。南美洲与非洲南部草原的起源现在还不清楚，或许与火灾有联系，因为燎荒放火是现今防止木本植物侵入的有效方法之一。

在生物群落中，区域降雨量反映了当地动植物生命成带现象的形成。例如在北美洲，经度成带以从东到西的方向横穿中部大陆。而其他地方，纬度成带现象比较突出，动植物的群体以从北到南的方向改变。天然的草原是主要山脉背风面雨影和高海拔地区山脉背风面雨影影响的结果，比如非洲南部。

人类的活动严重地影响着世界上的温带草原（特别是家畜放牧、耕种与改变土地用途、增加或终止草原火灾的频率），只有一小部分纯天然草原存活了下来。放火燎荒可能是人类第一种管理草原的方法，每年放火燎荒可以消除树与灌木的生长，有助于新草芽的生长。有意识地放火燎荒在人们可以控制火势以后就经常被使用了。重复燃烧森林的边缘可能把草原扩大到气候更加潮湿的地域，就像美国的草原半岛和阿根廷、乌拉圭东部的草原一样。后来当地居民阻止了所有的野火，木本植物才又在草原生长了。

草原畜牧业是一种牧养家畜的游牧生活方式，因为家畜会选择最可口的植物来食用，所以随着大量植物的迁移，游牧社群也会随之散布和迁移。杂草型草与非禾本草本植物是由于牛、羊和其他有蹄食草动物的践踏与啃食而演化成的。杂草型草种有抗干扰的能力，喜欢在开阔的环境生长，草籽一般在全天日照的情况下会迅速发芽，但是生命期短暂。杂草型草种会产生很多容易散布的草籽，并迅速地散布到新的传播区。欧洲大陆的杂草型草种跟随着牲畜而传播到世界上的其他地方，我们不会对此感到惊讶。

草原的土壤是最肥沃的。在科技发达以后，草原厚实的草皮被翻割而为农业所用。小麦和玉米取代了自然生长的草，温带草原则变成了各个国家的“面包篮子”。

今天，人们在尝试着恢复温带草原的同时也意识到：在保护自然环境的过程中，我们必须在保护与破坏之间达到一个平衡。放牧、割草等作业，只要控制在一定的限度内，就可以帮助草原减少木本植物的入侵，从而保持丰富的草本植物物种，有利于野生动物的生长。

地理位置

温带草原出现在南北两半球的中纬度（北纬30°~南纬60°）地区。具体的纬度则取决于它们在大陆上的详细位置（见图2.1）。最大的温带草原生物群落位于北半球的北美洲和欧亚大陆。而南半球的南非与南美也有略小一点但是同样重要的温带草原生物群落。

北美大陆和欧亚大陆大草原的存在，是因为它们位于大陆中间的位置，而且那里有相对较少的降雨量与极端的温差。南美的大草原坐落于

草原不同名称的含义

北美，法国毛皮商是第一批来到这里冒险的欧洲人，后来北美的开发者把这片中部大陆连绵起伏的草原叫作被纵帆船穿过的草原之海。法国人把它称为草地或者大草原。而今天，大草原这个词是指有着高茎禾草和中茎禾草的生物群落。

欧亚大陆上宽广的草原是被俄罗斯和乌克兰的居住者所命名的。这个名字首先传到了德语中，叫作大草原，后来，在西欧的语言中被广泛地推广使用。在美国，这个词多用来形容干燥的短草原。

瓜拉尼人生活在南美的乌拉圭和低巴拉圭河之间那片肥沃的草地上。而他们所称呼的南美大草原，后来被西班牙殖民者所使用，用来称呼南美大陆南部地区的温带草原。在巴西东南部的葡萄牙殖民者也使用同样的名称。

在南非，荷兰殖民者的后裔把高地的草原叫作南非草原，这个词被解释为田地，但它其实是指野生的、遥远的、人烟稀少的意思。而今天的植物地理学家则使用这个名词作为多种植物类型的修饰和前缀，比如南非高草原、南非禾草草原、南非灌丛草原等。

安第斯山脉的雨影东面。在非洲，从纬度方面来讲，这些非洲草原应该属于亚热带而不是温带生物群落，但是非洲南端地表的高度，使得那里的区域温度接近于中纬度的状态。

澳大利亚的一些亚热带草原应该是温带草原生物群落的组成部分，但是它在全球的规模相对渺小。此外美国得克萨斯州的黑土地、海岸草原、佛罗里达国家公园的沼泽地也是一样，所以在本书里没有涉及。

气候条件

温带草原是在半干旱气候的区域形成的（大都在中纬度干旱气候，克彭气候区分类）（见图2.3）。中纬度半干旱气候区域的年降雨量为10~20英寸（约250~500毫米）。有些地区（大部分为北美大草原和欧亚大陆东部干草原的中部）在冬季大量降雪之后，春季的化雪会润泽土壤。在北美与欧亚大陆的内陆草原，由于地理位置的原因，年度季节之间温差很大，这是温带草原生物群落典型的气候。冬季的气温超过0℃，而夏季则十分酷热，这种温度形式被气象学家称为大陆性气候。而同样的气候也会发生在相同纬度的潮湿的森林地区。

季节性温度的不同主要是因为生物群落在不同的纬度地点。昼长（光周期）与日照地表的角度每一年都截然不同，所以地表的温度也会

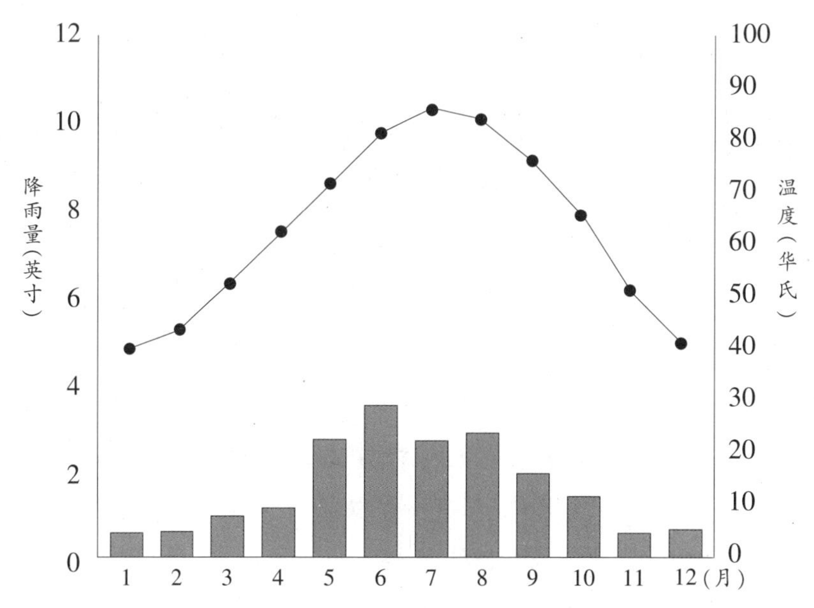

图2.3　半干旱气候的气象图：美国得克萨斯州北部城市阿马里洛，短草大草原　（杰夫·迪克逊提供）

受到影响。大陆会因为太阳能量的强度而做出不同的强烈反应，而大海，在日照较长、太阳角度高的夏天会快速保持热量，在日照较短、太阳角度低的冬天和秋天就会很快失去热量。其结果就是在中、高纬度地区年度温差很大，这就叫作大陆性气候。这种效果在接近大海的地方会减少，因为海洋对气候的影响有所减弱，所以极端温差的气候在南美洲南部狭窄的末梢是不会发生的。

在欧亚大陆东部，每年较大的温度差异是亚洲季风系统形成的原因。非常寒冷的冬季使得高气压在每年的这个时候俯临大陆，使大量的干燥空气流出亚洲。在夏季，当低气压俯临炎热的亚洲大陆时，会使太平洋和印度洋的潮湿空气移动来到亚洲大陆。但是在进到内陆之前，大部分潮湿的空气已经流失，所以那里会发展成半干旱的气候状态。在中国，草原潮湿的部分在东部，而干燥的部分在离海较远的西部。

在北美，降雨量的规律受极面季节性转换的影响，而接触的区域就在北极的冷空气与亚热带的暖空气团之间。暖空气的密度相对淡薄，当与冷空气相遇时会被逼迫到它的上面而造成降雨。在冬季，极面会迁移到低纬度地区并把降雪带到大草原和大陆中部的低地。在夏季，极面会向两极转移，然后移动温暖潮湿的亚热带空气进入大陆的内部。这些空气被地表的温度加热而升高后会产生降雨。因为暖空气可以比冷空气储存更多的水蒸气，所以夏天的空气是最潮湿的，降雨量在六七月份也是最高的。但是因为海洋的关系，大部分的潮湿空气在进入内陆之前就已经消失了。由于墨西哥海湾地理位置的原因，夏季潮湿空气由东向西的组合方式便会出现。东部的大草原会比内陆的西部大草原受到更多的降雨。延伸到伊利诺伊州和印第安纳州的美洲大草原半岛并不是半干旱的气候，而是被归类为半湿润气候。

另外一个造成南北美温带草原潮湿空气由东向西的重要因素是雨影效应（见图2.4）。例如北美的喀斯喀特山脉、内华达山脉、落基山脉，

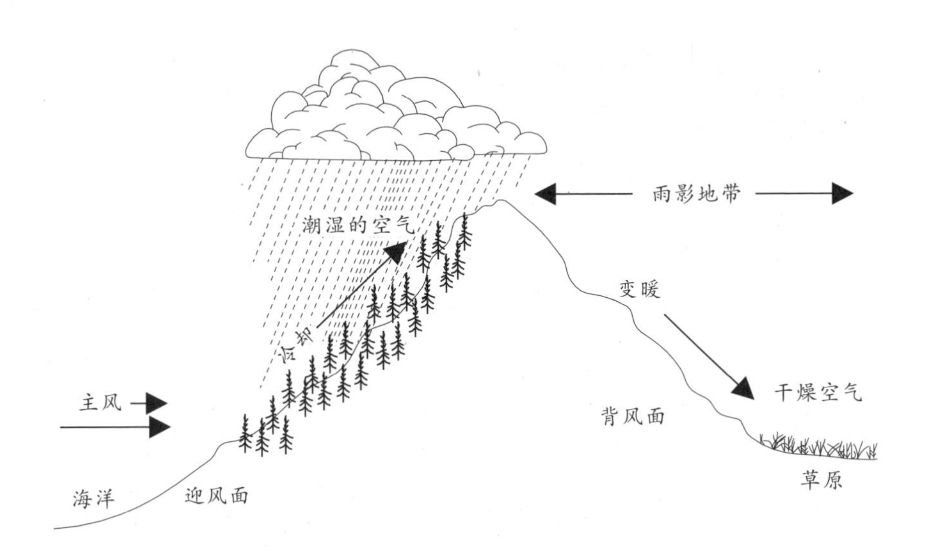

图2.4　雨影效应是空气在山脉背风面下降的结果。当空气团下降的时候会压缩和变暖，也会相对地减少湿气。这种过程导致了落基山脉东部半干旱的气候，它与短草大草原、安第斯山脉东部的巴塔哥尼亚草原也有联系　（杰夫·迪克逊提供）

还有南美的安第斯山脉。两个地区都位于风向西吹的区域里，而且因两半球极面而产生的风暴都是由西向东移动的。在这两个例子里面，空气团在穿过大陆时必须上升而越过主要的山脉，上升中的空气会在朝西的山坡面冷却然后释放出大部分的水分。当空气团越过山脉后会在东边山坡下降，下降的气流使得空气的气温升高，这种过程叫作绝热增温。增温使得空气吸收水分而不是释放它，因此降雨量在山的背风面会减少很多。这种干燥的结果就叫作雨影效应。

在所有生物群落的地区里，气候逐渐的变化会横穿较远的距离。在欧亚大陆，这种变化是由北向南而发生的。温带草原生物群落较湿的北方地区（半湿润气候）接壤于每年落叶的阔叶树森林和北方森林的生物群落，而南部干燥的边缘则被划为沙漠生物群落。在美洲，从半湿润气候到干燥气候的渐变是由东向西的，降雨量也是从东向西慢慢减少的。在所有的地区里，总降雨量的改变与植物的改变是息息相关的。潮湿地区的草通常会高一点，动植物的种类也会比干燥短草地区同样生物群落的种类多。

植被状况

多年生草是这个生物群落中最常见的生长形式；但是许多其他的草本植物，如多年生非禾本草本植物也会在这里生长（见图2.5），特别是葵花和豌豆（豆科植物）科的植物。在草之间，草皮型草和丛生禾草普遍突出，其中丛生禾草也是干燥的短草地区里极为普遍的植被。

在干燥、沿水或被干扰的地区，木本植物是这个生物群落中主要的植被。灌木的侵入是草原退化的表现，通常是由于家畜过度放牧的原因。

草本植物与非禾本草本植物在成熟的时候会生长到不同的高度。一些草本植物和大部分的非禾本草本植物是直立的，而其他的草则是平卧在地表上。因此，一些温带草原的植物会有截然不同的叶层，草本植物与非禾本草本植物在生长期里成长和开花的时间也都不同，这使温带草原会有不同的颜色阶段和面貌，例如东欧的大草原。

草本植物与多年生的非禾本草本植物十分适应寒冷的天气、动物的

图2.5　美国堪萨斯州弗林特山的孔扎草原　（埃德温·欧森提供）

啃食和野火，因此它们新生芽的位置紧贴地面，这些植物大都能在季节性的死亡、火烧、食草动物的啃食后重新发芽生长。

土壤发育

温带草原土壤的形成　在第一章里讲到了草在地面上的部分是如何适应环境的。而地表以下的部分对生物群落以及土壤的形成也起到了很重要的作用。草长出了浓密复杂的细根，它不仅把植物固定，还会吸取土壤里的水分和营养，也可以储存植物在光合作用后产生的碳水化合物以便以后使用。事实上，植物实体（生物量）存活在温带草原的地表下的部分比上面的要多。植物的根在不断地生长、死亡、腐烂，它以腐殖质的形式把有机物供给土壤。草在地表以上的部分在季节性的死亡以后，也会添加大量的腐殖质给草原土壤，腐殖质会在土壤中吸收很重要的植物营养离子，从而保护植物在雨水渗透到土壤里后不会从根带中移动。细根会把土壤变得更加疏松，这样一来，水与空气在潮湿的地方可以渗透到地下12英尺（约3.5米）的深处，细根通过进一步改善土壤的环境来帮助植物的生长。那些可溶解的化合物（例如碳酸钙和碳酸镁）在雨后或雪融后会渗透到土壤深处，在干旱时期会通过细根死亡后留下的细小通道回到根带。当土壤里的水分蒸发的时候，碳酸盐会沉淀到下层土（淀积层）的上端，这些浓缩物的成分可以在化学实验下测定。有时候它们可以形成肉眼可见的白色凝团。碳酸盐的浓缩物是土壤形成的钙化过程中的主要物质，这也是半干旱与干旱地区气候的特征，气候条件越为干燥，碳酸盐丰富的土层就越靠近地表（见图2.6）。

许多草与氮气固定的细菌有着共生的关系，这种细菌会生长在草根可见的小节上。这些细菌会把土壤气体中的纯氮转化成硝酸盐这样的氮化合物，而它可以溶解在被植物吸收的土壤中。氮是地球生物群落植物生长所需的元素，这种共生关系也是草结合半干旱大陆气候而制造出肥沃

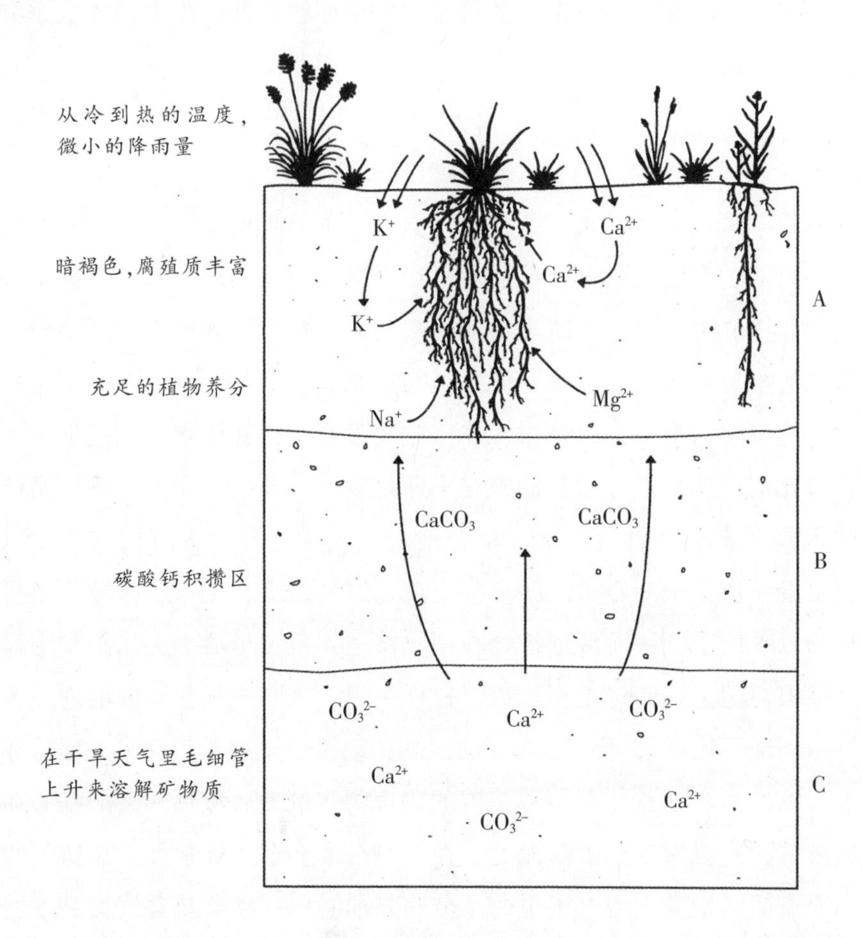

图2.6 钙化是温带草原生物群落土壤形成的主要过程。当土壤中的水分在蒸发时，会带动溶解的矿物质向地表上升，然后再从土柱中转换钙离子（Ca^{2+}）和其他植物养分而被植物所吸收 （杰夫·迪克逊提供）

土壤的一种方式。

土壤种类 温带地区草原的土壤在美国的土壤分类学里被归为软土。软土有脆和易碎的质感，当上层的部分干掉以后会保持坚固的状态，软土是褐色的，因为在它的表土和底土（A层和B层）中都存在着大量的腐殖质。

气候从半湿润到干燥，草从高到低、深根与浅根的不同也会影响土壤的颜色，从深褐色、栗子褐色到浅褐色。最黑的土壤是以俄文来命名的黑土，黑土有着很深的表土与底土（约有1米深），两层都具有呈黑色的腐殖质和腐殖质酸的污点。它们是由细腻的黄土在接受降雨量最多的半干旱地区形成的。黄土是由更新世冰河时代末期大陆边界冰川的后退而露出的土地上的微小颗粒形成的。冰面来风把这种灰尘样的小颗粒带到了潮湿有植物的地区，然后在那里慢慢地积攒。北美中部的低地、欧亚大陆大部分的半干旱地区，还有乌拉圭和阿根廷东部都积攒了大量的黄土。黄土里含有大量的碳酸盐，由黄土形成的土壤是世界上最肥沃的，而今天世界上大部分的小麦和玉米都是在黄土形成的土壤上生产的(两种都是人工种植的草本植物)。

温带草原的动物

温带草原上食草的哺乳动物大概可以被分成两组：生活在大小牧群中快速奔跑的有蹄动物，还有群居的掘穴啮齿目动物。最大的食肉动物(至少在北美、欧亚大陆）是狼，但是它们大部分已经被消灭了。小型的食肉动物至今仍存活的有狗、猫和鼬科动物。与一些热带草原的动物相比，动物的多样化相对比较低，大型的哺乳动物总体来说比较稀少，甚至已经灭绝。不同的物种在生物群落中不同的部分被找到，细节请参考本章的附录。

从自然规律来讲，温带草原的鸟类是在地上筑巢的，有些鸟类还是很好的奔跑者，鹧鸪或松鸡类的鸟是最常见的。爬行动物的代表是蛇和蜥蜴，它们的种类并不是很多。而两栖动物则主要是无尾型的，生活在小河与池塘里的青蛙和蟾蜍。到目前为止，最重要的食草动物是昆虫。特别是蝗虫，它们的数量众多。

北美主要温带草原

北美大草原

北美大陆中有几个天然草原（见图2.7）。目前最大的连续草原，是从落基山脉的脚下一直延伸到东边第一百条子午线，包括了大部分的中部低地。而所谓的草原半岛则从这里向东延伸交叉到爱荷华州和密苏里州北部，再从那里进入伊利诺伊州和印第安纳州的北部。

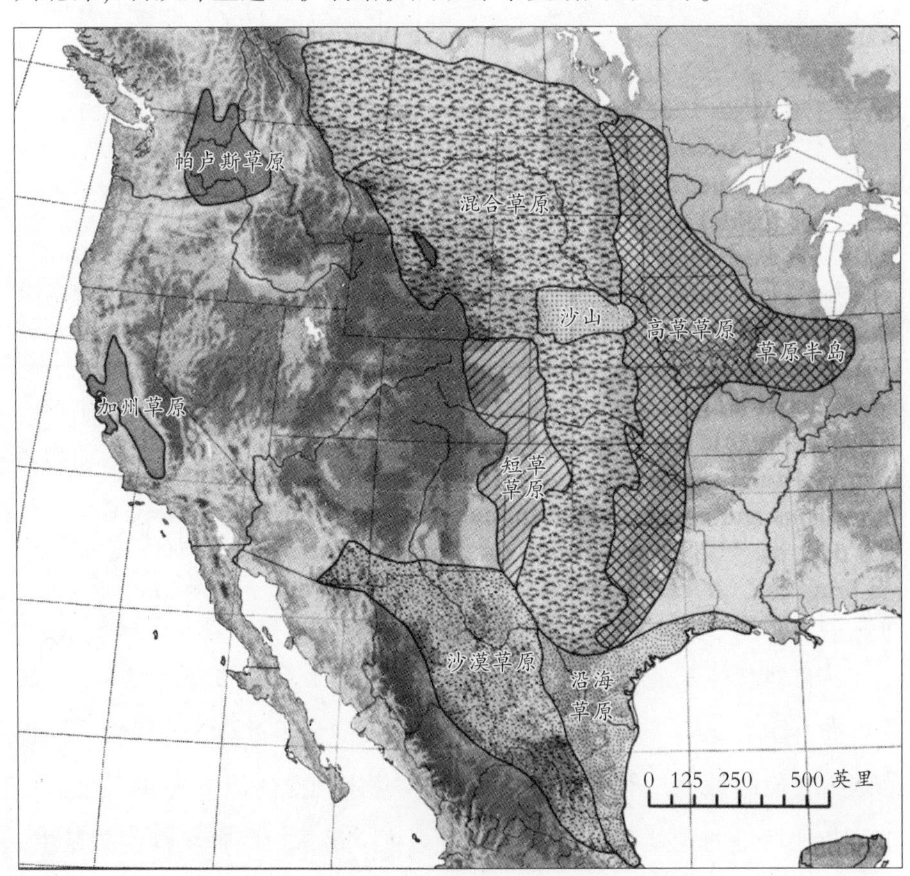

图 2.7　北美草原的分布　（伯纳德·库恩尼克提供）

在这片广阔的地域中，有三种不同的草原被区别了出来，因为它们有着不同的动物与植物。从东到西的顺序分别为高草草原、混合草原和短草草原。一些更小部分的生物群落也存在于落基山脉的西边，包括华盛顿州与俄勒冈州东部与爱荷华州的一部分与蒙大拿州的西北之间的帕卢斯草原，加州中央谷的草原，亚利桑那州东南部与得克萨斯州西部及墨西哥的索诺拉州、吉娃娃州、科阿韦拉州之间的沙漠草原。

高草草原

高草草原的特征是有多年生的C_4草，高度可以达到6英尺(约2米)，在成熟期的晚夏甚至可以长得更高。它占据了生物群落东部从加拿大的马尼托巴省一直到美国得克萨斯州南段的沿海海峡，包括草原半岛，那里的年降雨量超过20英寸（约500毫米)。

很久以前人类会反复地把草原向西燃烧，燃烧以后生长茂盛的草会吸引美洲野牛来进食，这些原因有可能把美洲大草原扩大到更多区域，草能够从紧贴地表的地方发芽并给予它们比树更强的生存优势，而树的子芽高高在上，如果遭遇上述干扰就可能被毁灭。今天，剩余的高草草原是在有规律的燃烧和放牧野牛与家牛的过程中维持下来的。

虽然温带草原生物群落的年降雨量比期望的要高，但是大部分都是在夏季的月份里，往往也都是在中大陆干旱的部分发生的。寒冷冬天与炎热夏天的温度形式十分符合高草草原在内陆的位置，这也是典型的中纬度草原。

高草草原生长在冰川沉积物和可追溯到更新世的黄土的松散母材料上。它所产生的深层软土中含有大量的腐殖质，由于含有腐烂植物的原因，它的颜色为深褐色或黑褐色。草的深根和毛管的作用带动碳酸钙到底土（B层)，提升酸碱度到平衡或是基本的高度，真正的黑土会在生物群落的这个部分形成。美国堪萨斯州的弗林特山却是一个例外，有特殊的薄石土壤覆盖着的石灰岩。因为贫瘠的土壤，弗林特山的植物种类比其他肥沃软土地区要少很多。

高草草原有北美中大陆草原中最多的原生植物。美国爱荷华州的大草原中约265 种物种被记录。有一些较小物种的总数也已经在其他地区被报告。这些非常高的草是伴随着许多短草和多年生的非禾本草生长的。经过仔细观察，大草原或许更像野花草地，大须芒草（见图2.8）是典型的高草皮状草，小须芒草是常见的中型丛生禾草，而垂穗草是一种重要的短丛生禾草。很多大草原里的非禾本草，例如西洋蓍草、黄雏菊和多种向日葵，都被人工培养而变成花园里常见的植物。

高草草原曾有北美野牛、鹿、羚羊等栖息，被称为“山脉之家”，但是这些大型哺乳动物现在已经消失，处于生物链顶端的大型食肉动物——狼也不见了。今天，北美小狼和红狐狸成为东部草原的主要食肉动物，食草的哺乳动物有兔子、野兔和掘穴的啮齿目动物，例如老鼠和地松鼠。衣囊鼠是北美特有的啮齿目动物，它与这个部分的生物群落有着密切联系。栖息在高草草原的还有多种鸣鸟、多种吃种子的麻雀，穴鸮鸟会占用遗弃的啮齿目动物的洞穴。最大的陆地鸟是大草原鸡，现在已经非常少见，外来的中国环颈雉已部分取代了它。

图 2.8　大须芒草，构成高草草原的草皮（源于美国草类手册）

高草大草原曾覆盖了40万平方英里（约103万平方千米）的土地，而大部分的草原已经变成了农田，土壤使生物群落有了丰富的野生动植物和适合的农业。钢铁的犁被发明以后，厚重的草皮被犁开，土壤被开垦。这个地区已成为美国玉米的主要产地，同时也维持了养猪业和养牛业。在美国的伊利诺伊州、印第安纳州、爱荷华州、北达科他州和加拿大的马尼托巴省，只有1%的欧洲殖民前的原生草还存在。明尼苏达州和密苏里州形成了保护区，保护了9%的大草原。但是目前还没有大量的草原能够生存，很多保护区的面积都少于20英亩（约0.08平方千米）。重要的残余部分存在于爱荷华州西部的黄土山、南达科他州东部的高山草原、堪萨斯州和俄克拉荷马州的弗林特山、堪萨斯州的奥色治山、俄克拉荷马和得克萨斯州的沃思堡草

美国原生的衣囊鼠和叉角羚

北美动物群中特有的四种哺乳动物为：衣囊鼠（衣囊鼠科）、叉角羚（叉角羚科）（见图2.9）、口袋鼠和更格卢鼠（异鼠科）。分布很散，但与草原没有太大的联系。

图 2.9　叉角羚，北美特有的有蹄类动物，是北美大陆上奔跑速度最快的哺乳动物。图为冬季的大草原　（艾德·恩迪科特影像有限责任公司提供）

衣囊鼠具有长在头侧的嘴外两个满线型的口袋，它们利用口袋来运送食物到地下的储藏室，然后把口袋从里面翻出来卸载食物。这些啮齿目动物看起来短粗而且没有脖子与尾巴。它们巨大的头骨是扁平的，非常适于掘地这种生活方式。衣囊鼠是独居的，它用大部分的时间在地下挖掘地道来筑巢、储藏。它的嘴唇生长在前牙的后面，这样在松土和挖根的时候土壤才不会进到嘴里，它们用爪子来完成大部分挖掘工作。衣囊鼠主要的食物是根和块茎。

叉角羚是美洲陆地上奔跑速度最快的动物。这个美丽的有蹄类

动物最高时速记录为86.5千米/时，而叉角羚群在开阔的草原上移动的速度为42千米/时。叉角羚吃青草和绿叶，它们可以靠食物里面的水分生存下去。从分类学来说，它们比牛更接近于鹿。上新世和更新世时有13类，而今天只有一类中的一种存活下来了。

一些口袋鼠和更格卢鼠生活在草原干燥的地方。像衣囊鼠一样，它们也有内部的口袋，但是它们的头骨非常薄，颚骨比较小。它们会在灌木下挖洞，主要食物为草籽和昆虫。

原。在1996年，高草草原国家保护区在弗林特山成立，它保护了0.72平方千米的高草草原，是美国最大的、保存最好的高草草原。在孔扎草原和弗林特山，由堪萨斯州立大学管理的34.4平方千米的草原被作为大自然研究地区。

混合草草原

东面高草草原的物种与西面短草草原的物种横穿北美大陆的中部，混合形成了广阔的区域，这就是混合草草原，简称混合草原。它北起北纬52°的加拿大萨斯喀彻温省南部以及周围地区，南至南纬23°的南段得克萨斯州大平原（见图2.7）。混合草草原海拔从东部的1600英尺（约500米）到西部的3600英尺（约1100米），再从那里延伸到短草草原。

这个区域是典型的半干旱气候。年降雨量在东部为24英寸（约600毫米），而在西部只有14英寸（约350毫米）。炎热的夏天和极端寒冷的冬天是这个区域的气候特征。由于比美国东部降雨量少，这里土壤的颜色不是很深，腐烂植物的根也不像东部高草草原那么多。软土的颜色为褐色或栗色，但不是黑色。一些大块完整无缺的混合草原样本与软土没有联系，因为那是在内布拉斯卡州沙山化石沙丘里形成的新成土。内布拉斯卡州沙山的草有非常特殊的组合，主要为沙须芒草和针线草。

混合草原的植被有两层，包括高为2～4英尺（约60～120厘米）中型的C_3草和高为0.6～2英尺（约20～60厘米）短小的C_4草。西部芽草（见图2.10）、鼠尾粟、针线草形成了植被的上层，蓝牧草和野牛草为下层主要的草。一些高草草原的C_4草，例如大须芒草和假高粱也生长在这里。中型草是这里主要的草，它是凉季草，在早春发芽，在早夏成熟。而短草则是暖季植物，在晚夏才会成熟，这种草的生长方式表明，食草动物所需要的绿草，在成长季节的任何时候都是充足的，即使在12月初的时候。

图 2.10　西部芽草，混合草原中一种常见的草（美国农业部自然资源保护部门提供）

多年生的非禾本草在混合草原里并不常见。西洋蓍草和紫菀属植物属于向日葵家族，也是非禾本草群体中的成员，一些木本植物也会在这个生物群落中出现，比如小灌木（例如穗状的灌木蒿）和矮灌木（例如野玫瑰）。在加拿大草原的省份里，当草原大火被防止的时候，树木（大部分为欧洲白杨）就会生长在草原，所以今天那里大部分的地方都是森林。一些茎叶肥厚含水分多的植物也会在这个温带草原生物群落里出现，比如刺梨仙人掌。

混合草原中的动物与高草草原中的动物十分相近，但爬行动物的种类更加丰富，包括响尾蛇和角蜥，它们都存在于气候极为干旱的温带草原生物群落。大部分大型原生哺乳动物都已经灭绝了。草原土拨鼠是一

表 2.1 草原土拨鼠的种类

长尾组	拉丁文学名
黑尾草原土拨鼠	*Cynomys ludovicianus*
墨西哥草原土拨鼠	*Cynomys mexicanus*
短尾组	**拉丁文学名**
冈尼森草原土拨鼠	*Cynomys gunnisoni*
白尾草原土拨鼠	*Cynomys leucurus*
犹他草原土拨鼠	*Cynomys parvidens*

个重要的动物，如果没有它的存在，混合草原（和短草草原）的动植物会有明显的不同。草原土拨鼠其实是松鼠，早期移民认为它们的叫声听起来像狗，因此把它们叫作鼠狗，它有五个物种（见表2.1），它们的差异分别是尾巴的长度、眼睛上端的黑线、发声和生活的地理位置。分布最广泛的是黑尾草原土拨鼠，它们生活在混合草原区域内。

黑尾草原土拨鼠是居住在洞穴里的群居动物（见图2.11）。一些复杂

图 2.11 黑尾草原土拨鼠是混合草原中的基石物种 （约翰和凯伦·霍林斯沃思 美国渔业和野生动物部门提供）

洞穴的长度能够覆盖60英里（约100千米），土拨鼠有12英寸（约30厘米）长，重约1.5磅（700 克）。和草原里其他的小型哺乳动物不同，草原土拨鼠在白天活动，是食肉动物美洲獾、郊狼、鹫和铁鹰的主要猎物。由于它们不冬眠，因此是食肉动物在全年任何时候的食物来源。

大部分草原土拨鼠的捕食者都会吃多种的猎物，但是有一种非常少见且濒临灭绝的黑脚貂只吃草原土拨鼠。它也是草原土拨鼠夜间唯一的猎捕者，它会在草原土拨鼠睡觉的时候在地洞里找到它。黑脚貂需要捕食大量的草原土拨鼠来维持它们的数量。

草原土拨鼠地洞的开口被高为2.5英尺（约0.75米）、宽为7英尺（约2米）左右的土丘所包围。这种土丘口帮助地下通道通风防止被水淹，同时也是群中成员站岗放哨的高地。当它们在挖地洞的时候会把表土和底土带到地表上面，同时也把冲到地下的养分带到地表上面来，从而使土丘周边的土壤更加肥沃。有一些植物只生长在这种土丘上（见表2.2），在这里生长的草和非禾本草的生长速度比较快、钙的含量也比离土丘比较远的同种植物高。对于食草动物来说，在土丘上生长的植物比其他地方生长的植物更容易消化，这种高质量的草料会吸引叉角羚、美洲野牛和家畜来到草原土拨鼠群的领地。

黑尾草原土拨鼠在群居的土地上食草，它们的活动使周围的植被保持3~4英寸（约8~10厘米）高，这样会使它们有一个良好的视野来观察附近是否有食肉动物的接近。草原土拨鼠会把它们不食用的植物剪到少

表 2.2　只在草原土拨鼠的土丘上生长的植物

植物名称	拉丁文学名
黑龙葵	*Solanum americanum*
臭万寿菊(或草原土拨鼠草)	*Dyossodia papposa*
藜	*Amaranthus retroflexus*
红球葵	*Spaeralcea coccinea*

于12英寸（约30厘米）高，这样不仅阻止了木本植物的侵入，也为山珩鸟和角百灵提供了合适的居住巢。穴鸮鸟（不会以草原土拨鼠为食）、獾、草原响尾蛇、虎螈会使用被遗弃的通畅的地洞作为巢窝和庇护所。在草原土拨鼠活动的大片区域里，被咬断的草可以减弱野火火势和改变野火的方向。

大部分的混合草原已经成为生产小麦（春季小麦在北方，冬季小麦在南方）和菜籽油（葵花籽、油菜籽、芥菜籽）的地方，干燥的部分被用做放养牛的牧场。在过度放牧的情况下，中型草的数量在不断减少，

人类与土拨鼠的斗争

草原土拨鼠对于保持自然生态体系益处匪浅，但是它们的数量还是被有意识地大量减少。对于农民来说，它们会威胁到庄稼的生长。在18世纪早期，人们开始广阔散布毒药来消灭它们，如果哪里还有草原土拨鼠的存在，就代表哪里的土地管理是不到位的，在19世纪早期，美国联邦政府发动了在北美中部草原灭鼠的活动。两百年前约有50亿只黑尾草原土拨鼠生活在加拿大萨斯喀彻温省南部和美国得克萨斯州南部之间3.95亿英亩的草原之间。而今天，只有过去面积2%的地方才有草原土拨鼠，大部分位于西经102°子午线的东部。重复爆发的腺鼠疫减少了西面2/3的草原土拨鼠，由于土拨鼠的减少，黑脚鼬也几乎灭亡。虽然保护措施即将进行，但是政府组织与个人组织的灭鼠活动仍在进行，狩猎者的射杀也在减少它们的数量。保护草原土拨鼠群也就等于保护了多种草原植物和稀有动物，比如鼬、山珩和穴鸮鸟，同时也会改进国家天然的牧地。

所以这里短草的比例比没有放牧的草原高得多。虽然混合草原没有高草草原毁灭得那么多，但是在欧洲殖民者来到以后，北美各州的混合草原仍然下降了60%~80%。美国内布拉斯卡州以及南达科他州的沙丘上有大面积的像弗林特山的高草草原一样的原生草原，这些草原之所以生存下来，是因为它们不适合耕种。

短草草原

短草草原是北美最西部的草原，位于中部大平原，从怀俄明州东南部穿过科罗拉多州和新墨西哥州东部到达得克萨斯州和俄克拉荷马州(北纬32°至北纬41°)。它是中大陆最干燥的草原，面积为17.5万平方英里（约45万平方千米）。年降雨量为12~22英寸（约300~550毫米）。虽然它位于亚热带地区，但是由于内陆的地理位置，这个区域的年度温差很大。

由于降雨量小，短草草原土壤的形成没有高草草原和混合草草原深。腐殖质的埋藏层很浅，白色碳酸钙的结节会出现在距地面9~10英寸（约25厘米）以下。土壤的颜色为浅褐色。

短草草原主要的两种植被分别为美牧草和野牛草（见图2.12）。这两种草都是浅根草，属于温季物种，两者的高度均为4~16英寸（约10~40厘米）。

图 2.12　野牛草是短草草原中主要的草　（源于美国草类手册）

没有放牧过的短草草原生长着一层中型草（包括针线草、西部芽草、狗根草）。多年生的非禾本草基本上是不存在的，但是一些灌木和小灌木会

图 2.13 在短草草原里的美洲野牛。卡斯特州立公园，美国南达科他州 （吉姆·帕金提供）

以灌木蒿的形式出现，比如刺梨仙人掌。如果一片地区放牧频率高，那么那里的木本植物和肉质植物就会生长得越多。

大群的美洲野牛曾在周期性的转移中为了寻找更好的食物而穿越短草草原（见图2.13）。而今天剩余的美洲野牛被限制在一定区域小心地管理，现在主要的食草哺乳动物是长耳大野兔和草原土拨鼠。还有两种小型的穴居哺乳动物是平原囊鼠和北囊鼠，它们在北美的分布非常普遍。

麻雀与其他雀类小鸟是很常见的。例如角百灵和草地鹨，还有一些生活在美国西南部沙漠里的云雀和简色雀鹀。

大部分爬行动物都能适应干燥的气候状况。短草草原里有大量的蛇类，如草原响尾蛇、猪鼻蛇和穴蛇。还有小蜥蜴、角蜥蜴和箱龟。

在生物群落中，短草草原没有受到像高草草原和混合草草原那样的毁灭，但是人类的过度使用对它所造成的影响，大大改变了这里的植被

“猛犸草原”：曾经发生了什么？

在最后一个大冰河时期，植物遍布欧亚大陆，横穿“白令陆桥”，直到北美大陆。这里被称之为“苔原草原”或“猛犸草原”，但是现在这个生物群落已经灭绝了。几个关于它灭绝的解释性说法已经被提出，但是目前还没有达成一致的观点。

根据动物化石的资料，甚至在猛犸牙齿化石里还残存着食物颗粒的营养成分，可以判断出当时北半球最北的大陆上曾经覆盖着莎草、短丛生禾草、阔叶草本、苔藓植物、地衣及灌木。在那个时代，猛犸、乳齿象、巨型美洲野牛、大型麝牛、北美驯鹿、大型绵羊、骆驼、马、高鼻羚羊都曾经在这个地区生存。与此同时，巨型肉食动物恐狼、洞熊、狮子、猎豹依靠捕食这些巨型哺乳动物来生存，不过现在它们已经全部消失了。

一些科学家找到了明显的证据，在更新世晚期，由于温度快速上升改变了当时的植物，但是哺乳动物无法适应快速上升的温度，所以灭绝了。还有一种解释就是，动物在草原植物消失之前就已经消失了，因为没有动物来食用植物，所以不能促进植物的生长。没有动物来施肥和进行其他的活动，所以生物群落才会灭亡。有人认为，经验丰富的猎人从西伯利亚东部通过白令陆桥来到北美打猎，这提高了大型哺乳动物的死亡率，而远超过它们的出生率，因为它们不能保持数量的平衡，所以毁灭了。

“猛犸草原”生物群落的消失，可能是集上述原因在一起的综合因素，但是如果人类才是它们在北美大陆灭绝的原因或者部分原因的话，那么这也代表了人类对地球的影响。如果它们的灭绝没有发生的话，猛犸、巨型美洲野牛、恐狼，还有狮子，现在或许仍生活在大草原上。如果我们引进这些已灭绝的动物在地球其他部分区域还没有灭绝的亲戚来到这里,温带草原还能够恢复到以前的样子吗?有些人认为是可能的。

组合。大部分地区变成了牧场，过度的放牧使中型草已经消失，取而代之的是带刺的、不宜食用的一年生和多年生非禾本草本植物、灌木。大量刺梨仙人掌的出现就是过度放牧的结果。即使是一些归国家所有的短草草原，也多次因为过度放牧而退化。目前短草草原逐渐向北面扩张，这也是过度放牧而对混合草原造成损害的结果。

部分短草草原被用来种植苜蓿、玉米、甜菜、棉花，但是大部分应用旱作农业技术种植小麦。

北美其他温带草原

帕卢斯草原

帕卢斯草原是曾经存在于喀斯喀特山脉和落基山脉间的哥伦比亚高原的山间之中的一个富饶草原。主要植物覆盖了华盛顿州东部、俄勒冈州东北部、爱荷华州西北部没有被冰雪掩盖的地方。帕卢斯草原位于喀斯喀特山脉的雨影区，地处有冬雨和干夏的地区。干燥的夏天加上落基山脉对动植物带来的影响，使帕卢斯草原动植物的生活与其他生活在中大陆草原有所不同。

在帕卢斯草原，由黄土形成的深层而肥沃的土壤积攒在岩床的玄武石上。由于被6500年前马扎马火山爆发后的灰尘所覆盖，所以这里的土壤变得更加肥沃。而现在位于俄勒冈州马扎马火山的死火山口形成了深湖。

帕卢斯草原的当地植物主要为丛生禾草，小部分为蓝束芽草和爱荷华牛毛草。多种多样的多年生非禾本草也生长在其中。大量的野风信子生长在春季积水的低平地区，它的球茎是美洲原住民重要的食物。矮灌木例如雪梅和野玫瑰也是比较常见的，它们是小型的一年生非禾本草。

帕卢斯大草原生长的多年生草和非禾本草在多雨的冬季里保持绿色，在5~9月份开花。但是木本植物只有在夏季叶子才是绿色的。一年生的非禾本草在冬季里发芽、春季里开花，然后死亡。一年的大部分时间它们都只是在土壤里存储草籽。

在帕卢斯大草原，野火经常发生。草原里积攒的死去的小植物会发生燃烧，火的温度比较低。但是自从欧洲移民来到了这里以后，所有的野火不是被灭掉就是被阻止，这样草原里死去的小植物就会积攒得越来越多，当野火燃烧起来时，它的毁灭性与温度是相当高的，所以许多当地原产的多年生植物被烧死了。

帕卢斯大草原里的动物与北美中大陆草原里的动物非常相像。因为接近蒙大拿州的落基山脉，所以北美灰熊和美洲大角羊会在低海拔地区觅食。

帕卢斯大草原大部分被农业（主要为小麦产品）和过度放牧所毁灭。今天，帕卢斯大草原被分裂为许多小的残余部分，遭受着外来一年生草的侵入，特别是旱雀草（见图2.14）。最近外来的一年生非禾本草例如黄矢车菊成为重要的问题。

图2.14　旱雀草或者绒毛雀麦是欧洲大陆的原生物种，现在覆盖着大部分的帕卢斯大草原　（源于美国草类手册）

在过度放牧的地区，原生

的灌木蒿的数量成倍增加。一些较大面积的帕卢斯大草原仍然存在于俄勒冈州和爱荷华州的地狱峡谷、华盛顿州的富兰克林·D.罗斯福湖国家保护区、蒙大拿州米苏拉北部的国家美洲野牛山脉。

加利福尼亚大草原

加利福尼亚大草原的大部分地区像帕卢斯大草原一样已经消失了。曾覆盖了大约2500万英亩（约1000万公顷）的中央山谷和沿海山谷的山麓。中央山谷位于加利福尼亚州沿海山脉和内华达山脉之间，它的南部界限为蒂哈查皮山脉，这也是另外一个雨影地区，具有冬雨和干夏的地中海降雨形式。南半边的圣华金山谷要比北半边的萨克拉门托山谷干燥。

原生的植物由多年生的凉季（C_3）丛生禾草构成。一定数量的一年生非禾本草和禾本草生长在草丛之间，以紫针茅草和熔岩区蓝草为主，卜诺地也是如此。在这些年里，大量雨后开花的非禾本草，例如鲜艳的橘色加利福尼亚罂粟和紫猫头鹰三叶草覆盖了这里的山麓。

1775年西班牙移民到来之后，加州大草原的组成被改变了。他们带来了牛羊，然而当地的多年生植物由于不能适应大量的放牧而死亡，从欧洲地中海地区带来的一年生植物取代了加州大草原的原生植物。

会作弊的草

旱雀草(Bromus tectorum)原生于欧洲的地中海、北非和亚洲的西南部。它是一种欧亚大陆的杂草，经常会侵入被传播到的草原，目前，它已经横穿北美、欧亚、南非、澳大利亚、格陵兰岛，并且占有多于一亿英亩的北美洲西部山间。

旱雀草又叫绒毛雀麦、垂雀麦草、军草和野马草。旱雀草的名字来自于19世纪末期耕种小麦的农民,他们认为麦田被杂草的种子污染了,换句话说他们的麦子被杂草取而代之,因为田地里的小麦越长越少,雀麦草却越长越多。在美国西部,这种新的杂草用其他的方式来取代原生草。旱雀草是一种冬季年生草(就像冬季小麦一样),在秋季发芽,而刚出芽的幼苗在冬季里休眠,然后在早春赶在大草原多年生植物之前快速生长。在生长季节早期的短时间内,它会成为野生动物和家畜的饲料,但是在成熟季节,旱雀草的小穗会非常锋利而粗糙,可以刺伤动物的眼睛、耳朵和嘴巴,导致它们无法觅食,到了夏季中期,有旱雀草侵入的草原,牛、野羊、鹿和麋鹿的食物就会非常少。

在夏季的末期,草原的野火会把旱雀草干枯易燃的主茎烧掉。西部大平原的野火周期虽然已经被人为减少,但是频繁的程度还是让原生植物无法承受,而这却是旱雀草旺盛生长和干扰其他植物生长所需的有利环境状态。

从物种和亚种的程度上讲,加州大草原的一些动物是这个区域里特有的。例如斑颈麋鹿、两种特有的更格卢鼠、专吃昆虫的圣华金羚羊松鼠、圣华金囊鼠和圣华金谷的墨西哥狐等。

今天,由于农业和城市发展,农业灌溉而改变的水流、过度放牧和火灾,只有1%的草原物种是加州大草原的原生物种。现在保护得最好的原生大草原是位于索拉诺县由加州大学戴维斯分校管理的杰普森大草原,面积为1500英亩(约600公顷)。如果我们想看到加州大草原的原生动态,这里是最好的选择了。

沙漠草原

沙漠草原位于北美的盆地和山脉地区,从亚利桑那州的东南部到得克萨斯州的西部,南端则延伸到墨西哥的北部。这里的降雨量比海拔较

图 2.15　沙漠大草原表现出了它因为方位所受的影响：朝北面的山坡上生长着橡树和其他小树，而朝南面干燥的山坡上则少有灌木和树　(作者提供)

低的盆地沙漠要多，因为凉爽的天气会降低湿气的蒸发，所以这里雨水的作用就变得更强，能更好地供养这里的草和其他植物。这些沙漠大草原里的主要植物为多年生的C_4植物、暖季草和肉质植物，主要的草为格兰玛草和托博萨草，一些丝兰也会生长在其中。木本植物，例如刺柏属丛木、槲树、豆科灌木、阿拉伯胶树，生长在朝北面比较凉爽的山坡上(见图2.15)。17世纪初人们就在这里大量地放牧，因此沙漠大草原里的木本植物也在不断地增加。

沙漠大草原哺乳动物的种类繁多，这可能是因为它们可以同时进入山坡低处的沙漠栖息地和山坡高处的深林栖息地。大型的哺乳动物有鹿和野猪；小型的食草哺乳动物有长耳兔、沙漠棉尾兔、缀黄鼠和更格卢鼠。沙漠大草原专有巢鸟数量比较少，它们是磷鹌鹑、干博鹌鹑和蒙特苏马鹌鹑。

欧亚大陆大草原

欧亚大陆原生大草原的长度约为5000英里（约8000千米），这些大草原在乌拉尔山脉的西面形成一个带子的形状。而在山脉东边巨大的盆地地区则是呈断开状态的（见图2.16）。这个大型的植物带从南到北有800千米宽。在这个区域里海拔高低相近。土壤的母材料基本是一致的，都是黄土。

纬度是决定欧亚大草原和它的土壤形式的重要因素。欧亚大草原所处的纬度从北到南的年度总降雨量也有所不同，北部的海拔会高一点，而南部的则低一点，因此对大草原和土壤造成的影响也不同。欧亚大草原北

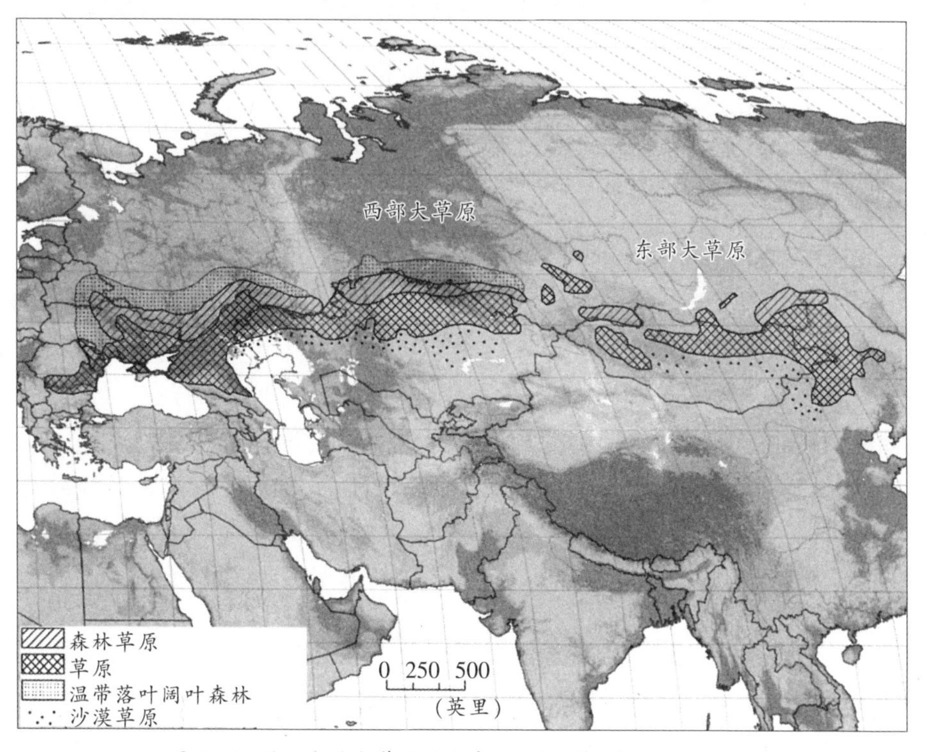

图 2.16 欧亚大陆大草原的分布 （伯纳德·库恩尼克提供）

图 2.17 针茅在俄罗斯库尔斯克附近的大草原中是很显眼的植物 （作者提供）

部的地区是森林与森林大草原的过渡地带，在那里的草甸大草原与森林部分交替存在。与森林大草原南部平行地带的大草原有丰富的多年生非禾本草本植物和草，这里南面的下一个区域是更加干燥的大草原，生长着耐旱的丛生禾草和多年生的非禾本草本植物，再往南便是这个生物群落的边界，这里有夹杂着矮灌木的丛生禾草大草原，南端便是真正的沙漠。

由于地处遥远内陆，乌拉尔山脉东部的气候变得比较干旱。盆地东部的温度比同在一个生物群落的欧洲显得更加极端。

在欧亚大草原，主要的草为多年生丛生禾草。这种草能够适应寒冷的温度和夏末特有的干旱，它们的生长季节在每年只有4个月。虎尾草在欧亚大草原非常常见，它们长而纤细的种子给大草原的容貌带来了一丝柔软的感觉（见图2.17）。当天气炎热和干燥的时候，虎尾草会利用转动叶子和关闭气孔来控制水分的流失，由于受气候和地理位置的影响，虎尾草呈现的样式也会稍有不同。

在生物群落南部的草比在北部的短。在北部，主要的草通常为30~40英寸（约80~100厘米）高，而在干燥的生物群落南部只有6~8英寸(约15~20厘米）高。草覆盖地面的程度也以从北向南的方向减少，在草甸大草原的北部，草坪覆盖率是70%~90%，而在干旱的南部的覆盖率是10%~20%。

欧亚大陆大草原潮湿的西部，生长着大量的多年生非禾本草本植物，而且种类多种多样。在春季和初夏的时候，由于不同的花在不同的时期开放，欧亚大陆大草原会呈现出五颜六色的景色。大草原生物群落潮湿的部分会有11种颜色呈现，而在干燥的部分也有五六种颜色。

短暂的生长季节表明了死亡植物的腐殖质从地面到地下的转换可以在短时间内发生。这样，在土壤里积攒了大量的腐殖质，从而形成软土。但是在欧亚大陆，人们不会使用“软土”一词，因为他们有自己的分类系统，软土在那里叫作黑钙土。

土壤能反映当地的气候形式，在北方到南方的不同区域里，它们也会以不同的形式出现（见表2.3)。北方的黑钙土位于潮湿的森林大草原下面，在这个地区的南面，生长着丰富多样的多年生非禾本草本植物和草。在大草原的下面埋藏着正常的黑钙土，大草原最南部边界的地下是南部黑钙土，它是在干燥的矮灌木和丛生禾草大草原下面形成的。

由于每年的腐化时间非常短，如果没有任何东西来清理死亡植物的枝叶，地表上就会形成过多的堆积物。而过多的堆积物会抑制草的生

表 2.3　欧亚大陆西部草原的植被和土壤的种类

植被(从北到南)	土壤(从北到南)
森林大草原，草甸大草原	北方黑钙土
真草原，热带大草原	厚黑钙土
干燥的带有非禾本草本植物的丛生禾草大草原	黑钙土
沙漠灌木：丛生禾草大草原	南部黑钙土

长，引来苦艾草、矢车菊这样的杂草侵入。人类进入之前，野生食草动物在大草原里吃草，防止了死亡植物的过量堆积，偶尔出现的野火也会帮助清理堆积物，然而今天，所有大型的食草动物都已经灭绝了，人类只能靠除草来管理大草原，保护原生草和非禾本草本植物。

与温带大草原的其他地方一样，这里栖居着大量群居的掘穴啮齿目动物。野兔家族也生活在这里。这些小型哺乳动物不冬眠，它们会储藏大量的食物在冬季食用，夏天它们会食用植物的叶子、梗、枝，以及肉质植物、根状茎、球茎和块茎。它们的数量随食物的多寡而增加或急剧减少，这种循环的周期为4~5年。

乌拉尔山脉不仅是气候类型的分界线，而且也是动植物物种分布区域的分界线。它把欧亚大陆大草原的生物群落分成了西部（或东欧）地区和东部（或亚洲）地区。

欧亚大陆西部草原

在欧亚大陆西部森林大草原中，主要生长的是虎尾草，它与橡木林交替生长在以黄土为基础的北方黑钙土上。而在其他地方，则生长着其他类别的虎尾草和草本植物。非禾本草本植物和草在生长季节陆续开花，它们给予了大草原不同颜色的景象。

像北美的大草原一样，欧亚大陆西部大草原的原生大型哺乳动物也都是群居的有蹄类动物，主要的食草动物为欧洲野马和欧洲野牛。目前，以野生形式存在的这两种动物都已经绝种了。

欧亚大陆西部大草原栖居着大量的掘穴啮齿目动物，它们在翻转土壤的同时，把渗透到地下的养分带到了地面上，保持了土壤的肥沃。最近有一种地鼠被发现，并被确认为是欧亚大陆上特有的种类。这些群居的动物会花去一生的时间挖掘地下通道，会在地面上堆起6~12英寸（约15~30厘米）高的土丘。

鲜花烂漫的大草原

大草原在4月初和6月末,各种不同的野花竞相开放,呈现出不同的颜色。在春初,大草原被白头翁花和莎草染成褐色。4月末时,黄花草又把大草原染成了黄色。5月中旬,草开始生长,在5月末雪花、银莲花和欧洲亚麻籽纷纷绽放,但勿忘我花速度惊人地把大草原变成了蓝色。到了6月,当三叶草、大滨菊和六瓣合叶子开花的时候,大草原则变成了白色。由于气候的影响,每年开花的数量与时间都会有所不同。

在这里生活的松鼠家族的代表为欧黄鼠、波拜克鼠和土拨鼠。虽然它们的名字有点奇怪，但是它们却是北美洲大草原的地松鼠和土拨鼠的近亲。还有鼠兔，它们是野兔和兔子的近亲。

现在欧亚大陆西部大草原变成了乌克兰、俄罗斯，以及这个生物群落附近其他国家的食物产地，主要生产小麦、甜菜和荞麦。从1940年开始，原生的草原层被大量的耕种而摧毁，今天，这片肥沃的土地经常受到严重干旱的影响。

欧亚大陆东部草原

亚洲大草原受到亚洲季风的气压和风的影响，因此这里的动植物适应了比欧洲一边山脉更低的降雨量和更加寒冷干燥的冬季。除百合花外，西伯利亚西部的植物与欧洲大陆东部大草原的植物十分相近。在贝加尔湖的东边，欧洲大陆东部大草原被高大的山脉所分隔，出现在封闭的盆地和山谷中。这里大部分的植物会在6月和8月之间开花，因为夏季季风会带来一些水分。

典型的大草原位于中国北部的内蒙古高原一直到黄土高原之间。这个区域的海拔在2600~4600英尺（约800~1400米），年降雨量为12~16英寸（约300~400毫米），这里的草在成熟时会达到12~20英寸（约30~50厘米），长度比草甸大草原的短。丛生的虎尾草的数量远超过闭花受精植物、草地早熟禾和蓝草这样的丛生植物。多年生非禾本草本植物比较少，但是像苦艾草这样的矮灌木有很多。

沙漠大草原覆盖了戈壁滩的南部和黄土高原的北部与西北部。这里的植物一般为8~12英寸（约20~30厘米）高，而且生长得稀疏分散，因此会露出很多光秃的地表。这里主要的草是适应干旱的丛生植物。蒙古苦艾草的主茎可达到2~3英寸（约5~8厘米）高，是沙漠大草原主要的木本植物，球茎植物与洋葱和一些年生非禾本草本植物是有联系的，在天气越干燥的时候，它们的生长形态就越为普遍。

欧亚大陆东部大草原是蒙古野马和亚洲双峰驼的家乡，目前这两种动物数量已经非常稀少了。大部分亚洲双峰驼是野生的，而蒙古野马则是人工饲养和放生的。

有蹄动物例如赛驴和塞加羚羊生活在大草原的偏僻地区，现在它们也变得更加罕见了。蒙古小羚羊和鹅喉羚生活在沙漠大草原，毛足仓鼠生活在大草原，而它的近亲沙漠仓鼠则生活在沙漠大草原，在欧亚大陆东部大草原上，爬行动物和两栖动物是非常少见的。

近千年来欧亚大陆东部大草原受到了人类活动的侵害，尤其是过度的放牧和潮湿地区的农业耕作。蒙古草原可能是最接近于原始状态的草原，因为那里几乎没有野火和农田的耕作以及过量的放牧（见图2.18）。

南美洲温带大草原

潘帕斯大草原

世界上另一个主要的温带草原（见图2.19）位于南美洲拉普拉塔河

图 2.18 在阿尔泰山脉下的蒙古草原 （桑德拉·奥尔森提供）

两岸平坦而又起伏的地面上，目前有两个大草原已被认可：一个是在拉普拉塔河位于乌拉圭河西边阿根廷境内的潘帕斯大草原，另外一个是位于两条河东边从巴西向南延伸进乌拉圭的乌拉圭潘帕斯大草原。乌拉圭潘帕斯大草原在巴西叫作“南美洲南部大草原”。为了更好地区分开这两种潘帕斯大草原，在这本书里用

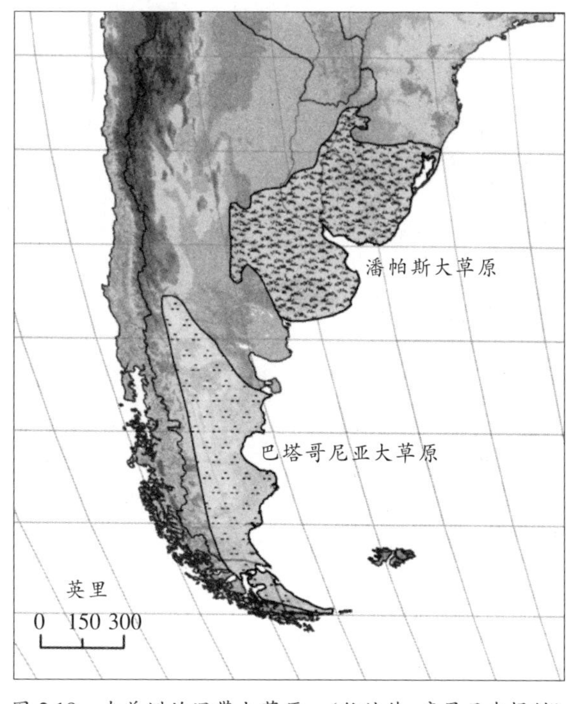

图 2.19 南美洲的温带大草原 （伯纳德·库恩尼克提供）

“南美洲南部大草原”一词来形容生物群落南端的部分。

南美洲潘帕斯大草原年度总降雨量的幅度为：从阿根廷西南部潘帕斯大草原的16英寸（约400毫米）到巴西里约格兰德多苏州东北部的63英寸（约1600毫米）。有趣的是，在东北部地区每年的降雨量足够供养大片森林，但这里却只生长着草而没有树木。一年中南美洲潘帕斯大草原比北半球的大草原更加温暖，在位于生物群落西部的内陆，每年约有125天的气温会低于0℃，而在东部由于海洋气候的影响，低于0°C的时间只有20天。生长的季节由于地区的不同会分布在4月到8月之间。

南美洲潘帕斯大草原位于南纬23°~南纬40°。这个地区受到潮湿的空气的影响，这些潮湿的空气来自于大西洋南部的亚热带高压系统。因为南半球的地理位置，来自于西面的主风会把干燥的风带到安第斯山脉地区的南部（约为南纬34°），所以这里的气候在东部会比较潮湿，而越往西就越干燥，直到安第斯山脉的脚下，那里便是沙漠地区。

南美洲潘帕斯大草原的土壤为软土，是由黄土和黄土演变成的淤积层形成的。潮湿的东部有黑钙土，而干燥的西部有栗色土壤。在更加潮湿的南部大草原，土壤是由沙丘的基底形成的淋溶土，而这种土壤通常是与温带落叶阔叶林生物群落有密切联系的。

南美洲潘帕斯大草原的草为丛生禾草和草丛草。草的高度为中、高等，几乎所有的草都是暖季的C_4草，大部分是广阔散布的。而主要的草类也会因地而异，多年生的非禾本草本植物和小灌木主要来自葵花和豌豆家族。

南美洲潘帕斯大草原位于阿根廷的福尔摩沙省、拉潘帕省、恩特雷里奥斯省、科连特斯省、圣菲省和布宜诺斯艾利斯省，其中布宜诺斯艾利斯省所占的面积最大。由于总降雨量的不同，数个不同的潘帕斯大草原分布在不同的位置，拉普拉塔河和巴拉那河之间的物种丰富，被称为起伏的潘帕斯草原。这里的植物能长到20~40英寸（约50~100厘米）

高。草的种类分为草皮状草和丛生禾草两种。因为它们生长的高度不同，所以这里的植被结构呈现出不同的层次。生长最高的草是草皮状的C_4草，叫作银须芒草。智利针茅草是一种C_3的丛生禾草，可生长到20英寸（约50厘米）高，是中等高度的草。许多丛生草为4英寸（约10厘米）高，当地人称它们为“小飞镖”，这些丛生草组成了植被结构中下层的部分。莎草和一些小型非禾本草本植物也生长在下层。由于放牧的原因，高型草已经被消灭，目前的植被只有两层了。

在拉普三层植被的拉塔河东边的南部大草原上生长着不同的草。但是独特的存在方式与起伏的潘帕斯草原和北美洲的高草大草原相似。这里主要的草为巴伊亚草和卡尼尼亚草。南部大草原的短草种类比潘帕斯大草原的要少，但是豆类植物要比潘帕斯大草原的种类多。在非常潮湿的状态下，这里的草会生长到8英尺（约2.5米）。

在潘帕斯大草原干燥的西南部分，贫瘠的沙质土壤形成了丛状草原。丛状草的生长形式是不会在北半球的温带大草原找到的，它们的茎和新生的、死去的叶子都会紧密地簇拥在一起，单独的丛状草能长到3英尺（约1米）以上。这些干燥和坚硬的死叶在一年的时间里都会给丛状草黄色的外观。在潘帕斯大草原干燥的西南部分，最常见的两种虎尾草是普纳草和齿状丛状草。因为它们不能作为牲畜的饲料，大部分都被铲除了。这个地区种植了养分更多但不是原生的草。

在接近安第斯山脉的西部地方，降雨量为每年20英寸（约500毫米）。潘帕斯大草原被分为豆科灌木和阿拉伯胶树的林地，最后进入常绿香沙漠，年降雨量为8英寸（约200毫米）。

南美洲潘帕斯大草原相对北半球而言，缺少了大群的大型食草动物。一些科学家认为，早期居民重复的放火燎荒毁灭了原有的森林，最后被草原所取代。根据这个推断，大型哺乳动物没有足够的时间来适应潘帕斯大草原的环境，因此它们灭亡了。

唯一的大型哺乳动物是潘帕斯鹿，现在放养在野生动物保护区里。一定数量的南美和新热带区的啮齿目动物也生活在潘帕斯大草原，包括挖掘复杂洞穴和群居的兔鼠。

其他新热带区啮齿目动物有小田鼠、暮鼠、掘穴鼠、土古鼠和豚鼠，巴塔哥尼亚野兔也是一种啮齿目动物，现在非常稀有。其他小型哺乳动物包括几种有袋目动物和几种犰狳，它们都是新热带区内特有的异关节类动物。大型的原生食肉动物——美洲虎和美洲狮已经灭绝。小型食肉动物——潘帕斯狐狸、灰鼬、潘帕斯猫和南美林猫现在也非常稀有。

潘帕斯大草原生活着大量的鸟，因此南美洲也被称为鸟的大洲。有体积最大的不能飞翔的美洲鸵鸟，鴂、鸽子和鹦鹉的数量非常多。猎食其他动物的鸟有饰冠鹰和凤头卡拉鹰。

潘帕斯大草原的大部分已被开垦，特别是在有着黑土地的阿根廷的布宜诺斯艾利斯省。玉米、高粱、小麦和大麦是主要的人工种植的年生草植物。苜蓿的种植是为了给家畜提供牧草，牛的养殖是为了获取牛肉和奶，这些就是这个地区土地的主要使用方式。没有耕种的土地则作为牧场，潘帕斯大草原上的放牧和重复的燃烧是用来刺激草苗的再次生长，但这也改变了大草原的植物结构，由于过度的使用，大草原剩余的部分已不是原生的了。高而好吃的草消失得越多，能抗拒干旱的木本植物就侵入得越多。潘帕斯大草原的状态正在改变，这与北美中大陆高草大草原的情况非常相像。

巴塔哥尼亚大草原

巴塔哥尼亚和火地岛位于阿根廷的南部和智利的东南部——南纬40°~南纬52°，是安第斯山脉南端雨影下寒冷的半干旱地区（见图2.19）。凉爽的气温使得水分的挥发率非常低，年降雨量少于10英寸(约250毫米)，但是有足够的水分供养草本植物。南美洲南部椎体的形状和安第斯山脉

图 2.20 丛生禾草占据了大部分的巴塔哥尼亚大草原 （希欧·奥弗斯提供）

上刮下来的风，使冬季的气温接近0℃，一年中气温都比较低。连续的强风比寒冷的天气更能抑制植物的生长。

在阿根廷的丘布特省（南纬45°和西经70°），气象资料记载了典型的巴塔哥尼亚大草原的气候：年降雨量为6英寸（约150毫米），大都在南半球的秋季和冬季月份，这个地方最冷的月份是6月，平均温度为2℃，而最热的月份是1月，平均气温为14℃。

巴塔哥尼亚大草原的土壤有粗糙的质感，含有大量的沙砾。碳酸钙的聚集层位于距地表18~24英寸（约45~60厘米）处。

多年生的虎尾草，例如低丛生禾草和牛毛草，是当地的主要草（见图2.20）。丛生禾草能生长到12~24英寸（约30~60厘米）高，它们通常只占据地面的30%。在丛生禾草之间生长着垫状植物和其他球形的木本灌木。垫状植物的生长方式是多茎的灌木紧贴地面一起生长，这种形态避免了干燥的风直接吹到新发的芽上。短粗枝条的灌木和矮灌木也有它们的独特性。

从生禾草有低根系统，在一年四季里都可以保持绿色的叶子。而灌木有深根系统，在冬季会休眠。这里的植物覆盖地面的形式有两种：单独的丛生禾草生长在光秃的地表上，或者与灌木聚集在一起生长。

巴塔哥尼亚大草原上动物的生活多种多样。大部分食草的哺乳动物非常稀有，甚至濒临灭绝，例如骆马、巴塔哥尼亚野兔（见图2.21）和兔鼠。食肉动物包括狐狸、巴塔哥尼亚黄鼬和美洲狮。

巴塔哥尼亚野兔

巴塔哥尼亚野兔并不是像长耳兔或者其他北半球的纯野兔那样的典型兔类动物，而是南美多种豚鼠形啮齿目动物之一。

目前所知有两个物种，一是大一点的阿根廷长耳豚鼠，居住在阿根廷的中部和南部。它的身体与头部加起来有690~750毫米，体重约9~16千克。还有一种是小一点的阿根廷长耳豚鼠，总长度为17英寸(约43厘米)，居住在玻利维亚南部、巴拉圭和阿根廷北部的大草原。

巴塔哥尼亚野兔展示了南美洲北部兔类动物和有蹄动物的特征，它们的长腿是为了奔跑和跳跃。它们主要在白天活动，夜间休息，通常居住在自己挖掘的地洞或者是其他啮齿类动物遗弃的地洞。

1833年，达尔文在巴塔哥尼亚的时候曾经说过，在这里常见的景观就是两三个跳跃的野兔快速地追逐和穿越在野生的大平原间里。

多种鸟类也生活在巴塔哥尼亚大草原上，而且有很多是这里特有的。美洲小鸵、巴塔哥尼亚鸟、巴塔哥尼亚嘲鸫和巴塔哥尼亚黄雀都生活在这个大草原上。

在巴塔哥尼亚大草原生活的人类非常稀少，但是这里的植被还是在严重地退化和沙漠化。由于绵羊过量地食草，暴露出来的土壤渐渐地

图 2.21 巴塔哥尼亚野兔 （斯蒂芬·米斯提供）

被荒漠化。现在，巴塔哥尼亚大草原的景观只能在智利的托雷斯德尔佩恩国家公园看到了。

非洲温带大草原

南非大草原

在南非，人们会把这里的大草原与其他地方的大草原区分开，把南非的大草原叫作高草原。高草原位于南非中东部和莱索托高原的中部和那里山脉东部的山坡上。海拔4000~6000英尺（约1200~1800米）（见图2.22）。

南非大草原的年降雨量为20~30英寸（约500~760毫米）。南海角部分的大草原降雨量最低，自由州的部分为最高。雨季大都在9月到来年4月之间。南非大草原的夏天比较温暖，1月份的平均气温为70℉（约

21℃)。冬季结冰也是很常见的，最冷的时候温度会降到-5℉（约-20℃），海拔高的地方会下雪。

南非大草原的土壤受到了页岩和砂岩基石的影响，呈现深红色或深黄色，由火山岩形成的土壤则是深色的肥沃的软土。

甜草和酸草

在南非大草原，甜草和酸草是有区别的。例如红草就是甜草的一种，它纤维含量小，在冬天休眠的时候也会把营养储存在叶子里面，更加适合牲畜食用。甜草生长在由页岩和火山岩形成的肥沃土壤中，而且那里的年降雨量通常小于25英寸(约635毫米)。酸草则在高纬度、降雨量高和酸性土壤的地区出现。酸草在冬天的时候会收回它们叶子里的养分，与甜草相比它们也有更多的纤维，作为牲畜食物的价值比较低，特别是在冬季。

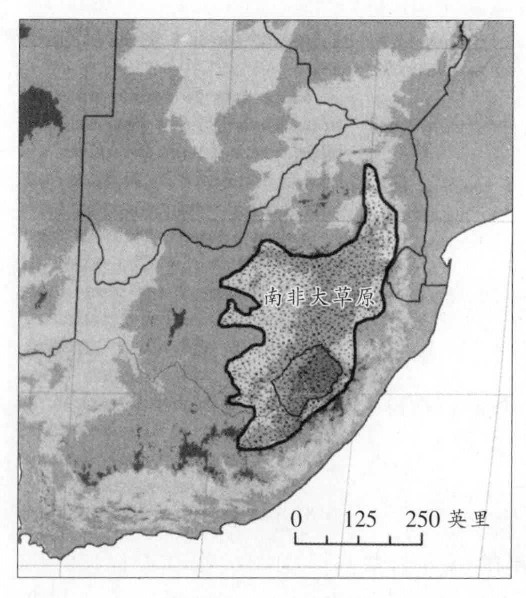

图 2.22 南非大草原的位置（伯纳德·库恩尼克提供）

南非大草原生长有50种以上的草。在海拔较低、有着暖冬的丛生禾草草原，几乎都生长着红草（见图2.23）。红草是一种营养价值较高的暖季（C_4）草，在非禾本草本植物中非常稀有，但是在南非高海拔和物种丰富的草原里，凉季（C_3）草是非常多见的。南非灌木丛生的松脂草和小狐尾草与红草是有共显性的。多种非禾本草本植物也生长

图 2.23　红草是南非大草原里常见的一种草　(作者提供)

在高海拔的地方，南非大草原的生物多种多样，仅次于好望角植物区。

与其他温带大草原不同的是，南非大草原生活着许多大型的有蹄类动物，很多同样的动物也生活在非洲热带大草原生物群落中。羚羊、斑马、狒狒、长尾猴、跳鼠、斑纹鼠、刺猬、豺、山猫和猫鼬都生活在南非大草原。黑角马是较常见的蓝角马的近亲，通常在羚羊类的动物之间觅食，例如红色大羚羊、南非白面大羚羊、跳羚和小岩羚。海角山斑马(见图2.24) 是山斑马独特的亚物种，它们的主要食物是海拔6000英尺(约2000米) 以上生长的粗糙的草，这种斑马有独特的条纹，是世界上哺乳动物中最稀少的一种，现在濒临灭绝。在南非大草原较常见的是白氏斑马和草原斑马。

大型的猫科动物在南非大草原已经灭绝了，但是非洲猎豹重新被带回了这里的国家公园。南非大草原中其他的食肉动物的体积比较小，

图 2.24　南非大草原的海角山斑马在南非的斑马山国家公园　(克里斯·克鲁格提供)

包括大山猫、土豚、黑尾豺、黄尾猫鼬和白尾猫鼬。这里的鸟类种类繁多，包括居住在地上的鸟，例如橙胸长爪鸟。还有非常少见的胡兀鹫在你的头顶尖叫而过。

最古老的南非克瓦桑的岩石画距今大约有2.5万年的历史。但是古代人类在南非大草原生活的时间还不能确定，古代牧民来到这里也没有很久的历史。近代的欧洲移民在这里找到了一片没有热带牲畜疾病的土地，然后把它变成了放牧自己的牛羊的地方。南非大草原的土壤和气候非常适合农作物的生长，例如小麦和玉米，因此南非大草原的土地被分割和耕种。只有少数几个区域保持着原生大草原的状态，而其他地区则面临着被过度放牧的威胁。斑马山国家公园和金门高地国家公园是仅存的两个被群体保护、恢复和管理的高草原。

第三章
热带稀树草原生物群落

概　览

热带稀树草原有独特的植被，草将地表完全覆盖，其中稀疏地生长着矮乔木、灌木和棕榈树。热带稀树草原这个词源于加勒比海域，意思是被草坪覆盖的无树平原。西班牙人在殖民时期继承了这个词，之后又传到了西方的语言中。今天，热带稀树草原这个词在植物学家中的意义只是稍有改变，不同的是，它也可以用来形容热带植被或者是温带当中有着相同结构的植被。一些科学家用“热带稀树草原地形”来形容相关的大草原、岸边的森林、沼泽地或者湿地气候系统。在人们的印象中，热带稀树草原最典型的景象源于在非洲部分的热带稀树草原生物群落，那里有着大片的草地（见图3.1），稀疏地生长着雨伞形的大树和刺灌木，

图3.1　非洲热带稀树草原中植物的大体轮廓　（杰夫·迪克逊提供）

成群的大型食草哺乳动物生活在这里。但是，不是所有的热带稀树草原都是如此。

地理位置

热带稀树草原位于向（南北）两极方向延伸的热带雨林和热带旱林的生物群落，它们在这些亚热带的森林和沙漠之间形成了一个过渡区域(见图3.2)。森林与热带稀树草原的界限通常都是断裂开的。随着与赤道距离的增加，不同种类的热带稀树草原也形成了特有的区域。它们的共同特征是位于干旱季节不断增加和降雨量不断减少的永久高气压地区，而且这些地区都位于北纬30°与南纬30°之间。

非洲有典型的热带稀树草原生物群落。那里的热带稀树草原从东、北、南三面包围了热带雨林，而南美洲的一些部分也称为热带稀树草原，例如亚马孙河热带雨林北部的拉诺斯草原和一些更小的像罗普纽尼—罗赖玛热带草原。亚马孙森林南部巴西高地上的塞拉多大草原是南美洲较大的热带稀树草原。南美洲热带稀树草原与非洲热带稀树草原的景色是截然不同的，在两个大草原上生长的动植物也不一样。世界上拥

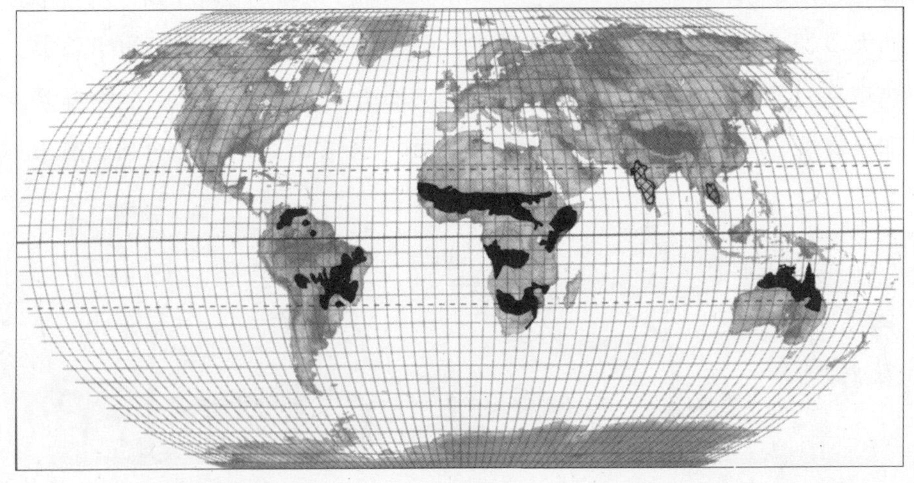

图3.2　世界上天然热带稀树草原的分布　（伯纳德·库恩尼克提供）

有热带稀树草原的第三个大洲是大洋洲的澳大利亚，生长在澳大利亚热带稀树草原里的动植物与世界上任何一个地方的动植物都不同。

气候条件

热带稀树草原有着独特的潮湿和干燥季节交替的气候。在雨季，大量的降雨使气候变成热带潮湿气候，而在干燥季节来临的时候，气候则变成热带干燥气候。雨季在太阳高晒和热带辐合带靠近的时候到来，热带辐合带是指南北半球的信风相聚在一起时，它们的力量使空气上升而产生降雨。它的位置在一年里会根据太阳直光在南北回归线之间的移动而转移。在太阳较低的季节，太阳直光照射在相反的半球时，就是干旱季节，在这个季节，约有三四个月的时间降雨量会非常低，甚至没有降雨（见图3.3）。在热带草原生物群落里降雨量非常不稳定，多至40~60英寸（约1000~1500毫米），少时每年只有20英寸（约500毫米）。热带的气

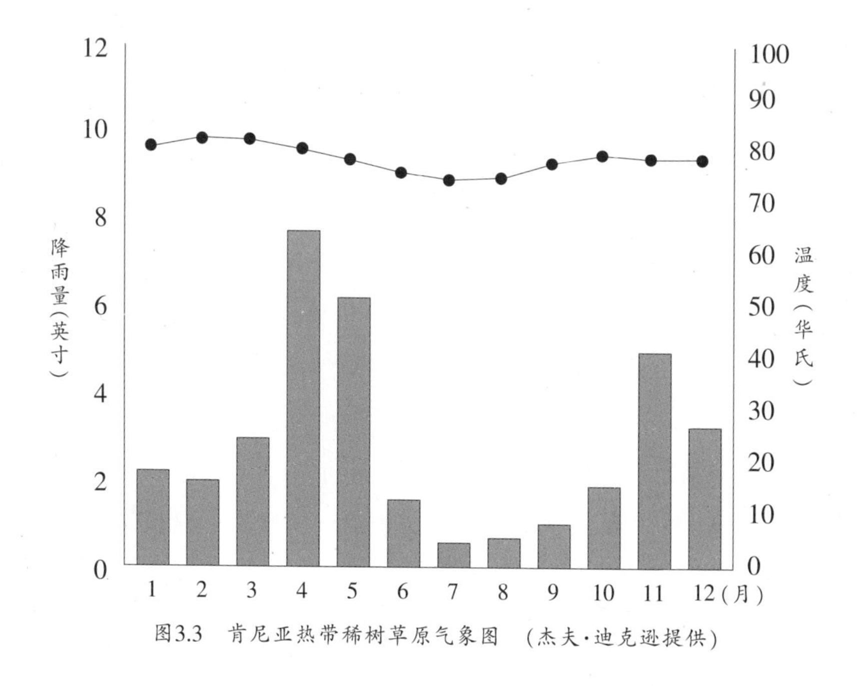

图3.3 肯尼亚热带稀树草原气象图 （杰夫·迪克逊提供）

候在一年中都很温暖，结冰霜的时候几乎见不到。每年最冷季节与最热季节的温差只有几摄氏度，还没有平时白天与黑夜的温差大。

虽然热带稀树草原与热带潮湿和热带干燥气候之间有很多相像之处，但是气候并不是决定热带稀树草原位置的原因，重复的燃烧、贫瘠的土壤、含铁丰富的硬质地层和大型食草哺乳动物的放牧，都严重地影响着世界各地的热带稀树草原。

其他影响因素

除了天气以外，火、放牧和土壤的状况等一系列因素，也是热带稀树草原形成的原因。下面就这些因素进行详细的分析。

火 火在热带稀树草原是很常见的，这也是热带稀树草原形成的原因之一。天然火是大自然和季节变换中的一部分。闪电的火花被引燃，这在雨季是经常发生的事情。在雨季初期，湿气还没有形成雨落到地面时就在空中蒸发了，这时地面上积攒了许多干木头，被闪电击中后会燃起野火，野火在干燥的热带稀树草原燃烧。在这里生活的动植物已经适应了每年都会燃烧的野火，树长着厚厚的树皮，在野火燃烧的时候会保护树木内部的软组织不受到伤害。还有一些树木的花蕾生长在地表下，与外界完全隔离，因此在野火过后它们能够再次迅速地发芽生长。草和矮灌木也进化出保护自身的地下结构，野火会把草烧成灰然后覆盖在地面上，这些灰会起到肥料的作用而促进草的再次生长。

一些动物在热带稀树草原燃起野火的时候在地下躲避，而其他的动物会在野火来到之前早早离开，但不是所有的动物都能逃跑的，野火烧死的动物将会成为许多食肉动物的食物。由于大量的昆虫会在野火燃烧后的草中出现，一些鸟类和哺乳动物会被野火所吸引，这成了一些鸟类和哺乳动物觅食的好机会。

人类大量增加了火的使用频率使热带草原地区扩大。我们所知最早的人类出现在非洲热带稀树草原上，早期的人类为了扩大自己的居住领地而燃烧在森林旁边的大草原，渐渐地干森林和雨林转变成了热带稀树草原。

动物的影响 在非洲东部和南部的热带稀树草原，各种有蹄类动物在维持和形成热带稀树草原中扮演了重要角色。如果没有它们的活动，那么天然的植被会多以大树为主，繁茂的大树会遮挡住阳光而使树下的草难以生长。在一天最热的时候，大象会寻找大树的华盖来遮阴。不知道是因为无聊、皮痒，还是为了寻乐，大象会靠在树上摩擦，而这样会毁掉很多大树。在大象寻找食物的时候，它们会用鼻子把整个树干折断(见图3.4)。即使是小群的大象也可以毁掉很多大树，在毁掉大树华盖的同时，阳光也就不会被阻挡而直射在草地上，这也就使得喜欢阳光的C_4草能够茂盛地生长，把林地变成了热带稀树草原。一旦地表被草完全覆

图3.4 大象提着从热带稀树草原的树上折下来的树枝 (作者提供)

盖，野火也就有机会侵入这个区域了。野火会烧死树苗和树籽，这使得树木无法再次生长。草的生长也会吸引大量食草动物前来觅食，同时它们也会吃掉树籽，进一步抑制了树木的生长。

土壤条件 土壤和它的母材料会影响到植物的生长，这就是土壤的元素。由于无法排水，土壤和田地被水淹的负面影响正在上升，同时软土下面的沙砾层也会抑制植物根的生长，一些沙土的渗水量过大而使土壤过于干燥，低营养的土壤就是过分渗水的结果，还有一些土壤含有大量浓缩的铝，例如巴西的高原。树木对土壤条件十分敏感，一些热带稀树草原缺少树木，就是由于它们无法适应这种土壤的环境。因为草有浅根系统、季节性的变换和对营养的低需求，所以它们能够在大树稀少的地方生长。

一些木本植物生长在其他灌木和大树都无法生长的环境里。例如棕榈树的根可以生长在充满水的土壤里，因此形成了棕榈树热带稀树草原(见图3.5)，也有一些棕榈树生长在热带稀树草原周期性发生野火的环境

图3.5 棕榈树热带稀树草原形成于浸水的环境中。巴西的北里约格兰德州 (作者提供)

里。在巴西，林地热带草原由多种木本植物进化形成，它们不会被土壤中以铝为主的混合物所伤害。

植被特点

热带稀树草原典型的草，多是高为2~4英尺（约60~120厘米）的丛生草。这些草的叶片非常坚韧而且含有大量的硅。它们的光合作用通常与C_4草光合作用的途径相同（见第一章）。C_4植物在太阳温度最高的时候能充分同化它的能量，并抵抗严重的干旱气候，因为C_4植物吸收二氧化碳的速度比C_3植物快，所以它们的气孔张开的时间也比较短，水分会从植物的气孔里面流失，因此C_4植物可以更有效地保存水分。

在热带稀树草原里，草本植物多为莎草和非禾本草本植物。大部分的非禾本草本植物都是豆科植物家族的成员，豆科植物与根瘤菌有着共生的关系，根瘤菌可以修复大气中的氢，因此它们可以在热带较贫瘠的土壤中茂盛地繁殖。

热带稀树草原的树木中，除了猴面包树长得很高大以外，大部分树木只有6~20英尺（约2~6米）高，极少树木的高度超过40英尺（约12米）。热带稀树草原中大树的树叶有蜡质的表面和凹陷下去的气孔来防止水分的流失，有一些叶子的表面则像皮革一样。热带稀树草原中大部分的树木都是每年落叶的，一些树木在落叶的同时已经长出新芽，因此它们看起来好像是常青树。

厚厚的树皮可以保护热带稀树草原的树木不被野火烧死，很多树也可以在根部发芽，这也是它们可以在野火后生存的方法之一。在非洲，大型哺乳动物会吃掉很多树木与植物，因此很多木本植物进化出刺来武装自己，这些有刺植物通常有微小的叶子和非常深的主根。

在热带稀树草原，其他的生长方式也是颇为常见的，包括矮灌木、非禾本草本植物和草本植物的生长方式，它们都能更好地适应热带稀树草原恶劣的季节环境。矮灌木在一个雨季的末期死亡，而在下一个雨季的开始时长出新的茎梗，它们木本的地下结构可以很好地保持能量和养分，以便下次迅速生长（见图3.6）。而一年生的阔叶草本植物和草本植物则让自己的籽在不生长的季节休眠，以躲避干旱，只要有一场雨，它们的籽就会迅速发芽生长，并在下一个干旱季节来到之前完成它们的生命循环。

热带稀树草原生物群落每年通常有两个开花的季节。一些植物会在雨季开始的时候开花，而这时它们的叶子甚至还没有完全长成。其他的植物会在雨季中旬和下旬开花。

根据木本植物间距的频率，科学家对不同种类的热带稀树草原进行了分类。现在还没有统一分类的热带稀树草原，其原因见表3.1。

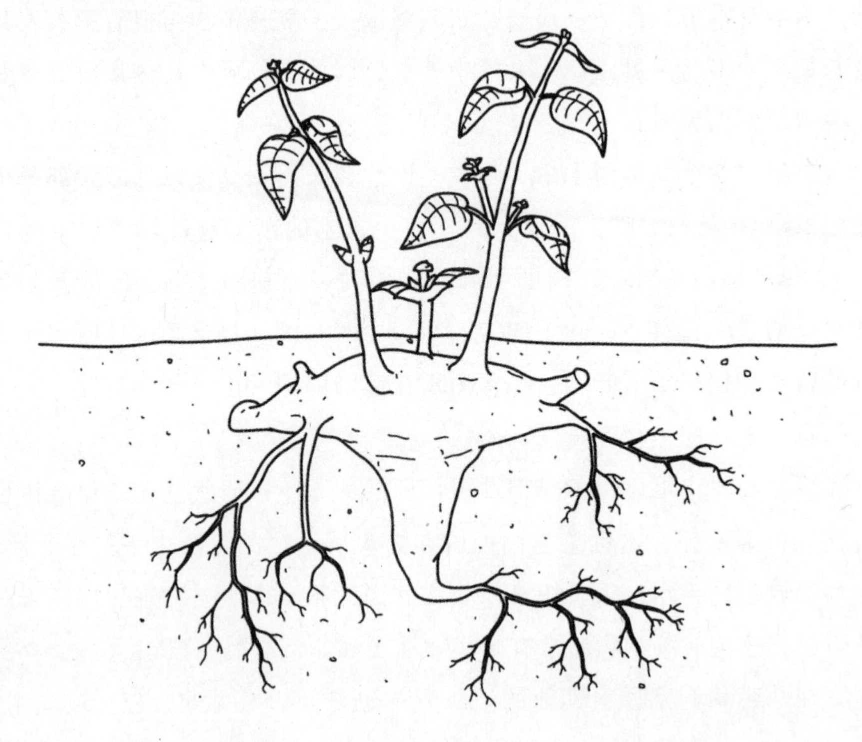

图3.6　矮灌木与其下储藏器官的形态　（杰夫·迪克逊提供）

表 3.1 热带稀树草原分类

热带稀树草原种类	特征介绍
林地热带稀树草原	很多大树有张开的树荫,阳光可以直射到地表上
稀树热带稀树草原	大量的草生长在稀树丛中
树木热带稀树草原	树木的分布无规律性
灌木热带稀树草原	灌木为大草原中主要的木本植物
棕榈树热带稀树草原	聚集生长的棕榈树丛为大草原的主要木本植物
全草热带稀树草原	大体上是没有树木的,除了在长廊林中

土壤发育

土壤的形成 土壤在潮湿的热带气候中面临高度的过滤与渗透，任何可溶解的混合物，都会随着雨水流到土柱中，这就是土壤形成过程的红土化作用（见图3.7）。过滤和渗透量与大地表面的年龄有着直接的关系，巴西和非洲西部的热带稀树草原，处在非常古老的地表之上，几百万年来受到高温和丰富的降雨的影响，这里的底岩已经被严重风化，大部分可溶解的混合物都已经消失。因为地球上的物质在不断温暖而潮湿的环境下会迅速腐朽，所以没有腐殖质来帮助可溶性基物（植物重要的养分）结合，哪怕是暂时的，而剩下的则是含氧化铁和氧化铝的软渣，这种剩余物不包括植物所需的营养，土壤中大量的铁使它们变成鲜红色和黄色。当土壤中浓缩的铝含量足够高的时候，这种土壤可以当作矿砂来开采（铝金属的矿砂叫作铝土矿）。在巴西部分高地中，铝在土壤中的含量非常高，这种情况对多种植物有害，但原生的树和灌木则已经适应了这种环境。

在古老的地表和巨型岩石上形成的土壤的酸性成分非常大（平均酸碱值为4.9），这样就大大地减少了土壤保存养分的能力。由于土壤中铁含量非常多，在反复的干湿影响下，就会变成坚硬的红土。这种坚硬的

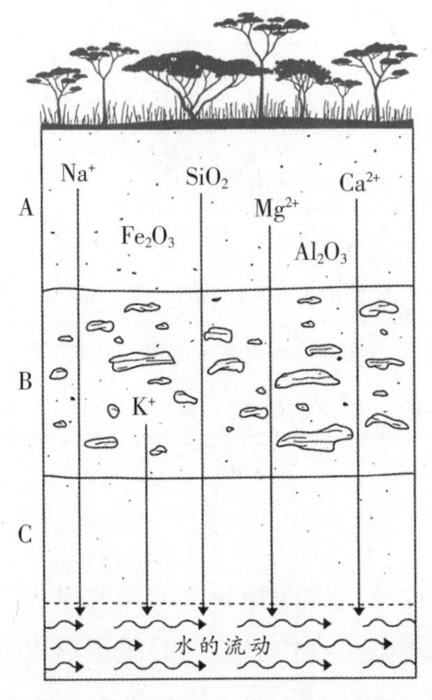

图3.7　土壤的形成方式主要为红土化作用，发生在古老岩石面上的潮湿热带稀树草原。可溶解的养分和氧化硅从土柱中过滤下去，只留下氧化的铁和铝，导致了天然贫瘠的土壤　（杰夫·迪克逊提供）

土层抑制了植物根部的生长，同时在雨季里也阻止了水分的下流，这时地表就形成水淹土壤甚至小水池。热带稀树草原的一些地区里没有树木，也是由于硬红土层的原因。

在热带的一些地区，风化和水分渗透不是十分严重。在排水良好和水晶基岩没有那么古老或者是近期才露出的地表地区，土壤形成的过程与温带区域非常相似。例如非洲的南部和东部的大部分地区，大草原土壤中的酸性没有那么高（酸碱度为6.2），而且比在古老地层上形成的土壤更加肥沃。

在玄武岩和石灰岩这样丰厚的基岩上形成的土壤中，植物所需的养分，如钙和镁都非常丰富。这种土壤中黏土的成分比较高，因此在潮湿的季节会膨胀，在干旱的季节会缩小和干裂。土壤中含有天然的养分，大多存在于全草热带稀树草原。

土壤种类 在非洲与南美洲古老高原上贫瘠土壤中含有大量的铁和铝，由于铁和铝这两种元素在热带地区土壤形成的过程中被氧化得非常严重，因此在其他的分类学中，这种土壤叫作“砖红壤性土”，热带雨林生物群落中也有相似的土壤。

在水分渗透较好的地区，水晶石形成土壤的母材料。根据美国土壤系统的分类，这种土壤叫作“老成土”。在玄武岩和石灰岩上形成的土壤中仍然含有植物所需的养分，这种土壤在美国土壤分类学中被称为“变性土”，之所以叫“变性土”，是因为土壤中的黏土由于季节原因收缩与膨胀，导致了土壤的变换，使它无法形成真正的土层。在其他分类学里面，这种土壤叫作“黑裂土”。

动物的生活

在热带稀树草原中最常见的草原动物来自非洲东部和南部，成群的大型有蹄哺乳动物：斑马、角马、羚羊、大象、犀牛和长颈鹿，它们占据了热带稀树草原的视野，呈现出大自然壮观的场面。但是它们却不是热带稀树草原的代表性动物，在大部分的热带稀树草原中，小型哺乳动物，如啮齿目动物、兔子和野兔才是真正具有代表性的。

小型哺乳动物通常在夜间活动。它们都善于掘地，大部分小型哺乳动物在白天最热的时候都会躲在地下，地洞在干燥季节末期野火来临的时候保护它们逃脱灾难。小型哺乳动物都是杂食动物，它们会吃绿叶、水果、根、植物的块茎、昆虫和无脊椎动物。只有一小部分的小型哺乳动物只吃无脊椎动物，例如数量庞大的白蚁和蚂蚁，体积稍大一点的食肉动物会选择吃爬行动物、鸟类和啮齿目动物。在非洲栖息着大量的猎捕大型哺乳动物的猫科和犬科动物。

食腐动物在动物生命循环中起到了重要的作用。秃鹫是热带稀树草原食腐动物中的典型。

热带稀树草原中的哺乳动物进化出了不同的方式来适应强烈的阳光、高层空气温度和有限的水源补给。大型哺乳动物没有汗腺，而是通过喘气来降低自身体温，同时不会让它们失去过多的水分。其他的一些动物会通过不排尿或者由大肠来吸收水分，从而排泄出干燥的粪便来保存水分。非洲的羚羊就使用这样的方法。

在一天最热的时间里，热带稀树草原的哺乳动物会躲在地下或是树荫底下乘凉。一些大型哺乳动物不得不生活在强烈的日光下，它们会尽可能地避免阳光的直射。例如斑马会把它们的臀部朝向阳光，其他的哺乳动物会利用自身浅色的皮毛来折射阳光以减少紫外线的直射。哺乳动物在夜间觅食，不仅是因为夜间的温度较低而湿度较大，而且夜间植物叶子的水分含量也是最高的。在干燥的季节，一些动物会不断地寻找降雨的地区，其他的动物则会沿着祖先的道路大批迁移来寻找水源。

在三大洲天然的热带稀树草原中，会飞的鸟类与大型的不会飞的平胸类鸟生活在一起。鸵鸟生活在非洲的热带稀树草原中，鸸鹋生活在澳大利亚，而美洲鸵生活在南美洲的草原中。其他生活在热带稀树草原中会飞的鸟类更是多种多样。鹰和秃鹫这样的食肉鸟类和食腐鸟类在热带稀树草原很常见。鸣禽的数量也相当庞大，它们大都是以植物籽为食。南美洲和澳大利亚都有大量吃水果的鹦鹉。

食蚁兽：趋同进化的例子

在热带稀树草原生物群落的动物中，长相最怪的哺乳动物就是食蚁兽，它们以蚂蚁和白蚁为食。非洲和南美洲都有这种动物，科学家把它们分成完全不同类的动物，因为它们之间没有一点联系。非洲有穿山甲，而南美则有巨型食蚁兽（见图3.8）。这两种动物相像的地方是，它们的头部与身体的形状，还有长长的舌头与巨

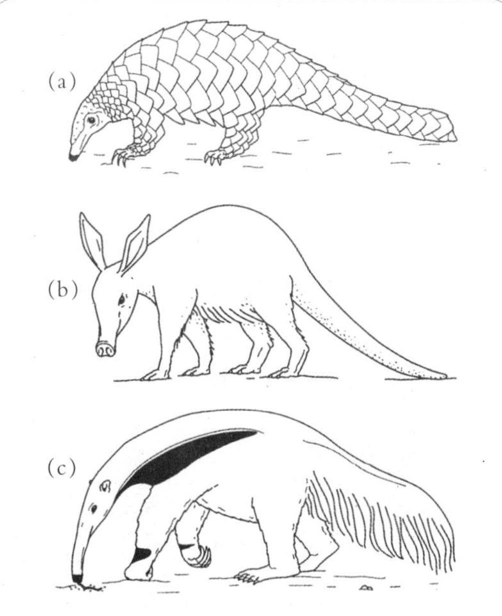

图3.8 吃蚂蚁的动物相同的形态。(a) 非洲的穿山甲；(b) 非洲的土豚；(c) 南美的巨型食蚁兽 （杰夫·迪克逊提供）

大的前爪。因为它们食用同样的食物，生活在相近的环境中，所以它们也进化形成了相同的形态，这纯粹是自然选择的结果。

爬行动物在热带稀树草原的种类和数量非常多。蝰蛇、颊窝毒蛇、蟒蛇、壁虎、小蜥蜴和乌龟在大草原中随处可见，变色龙是非洲特有的，鳞蜥蜴是南美洲特有的。

青蛙、树蛙和蟾蜍生活在全年有水或者雨季有水的地方。像小型哺乳动物一样，两栖动物也只在夜间活动，有些则只有在雨季才活动。在干燥的季节，它们会待在潮湿的地洞里，有几种两栖动物一生都会生活在地下。

在热带稀树草原生态系统中最重要的动物，或许是一种不常见到的微小无脊椎动物——白蚁，它们成千上万地生活在一起。唯一可以见到白蚁的时候，是它们飞出地面寻找新家的时候。一些白蚁筑造的建筑物会超出地面，这些土丘或蚁冢（见图3.9）是热带稀树草原中引人注目的特有景观，它们具有交换氧气和二氧化碳、通风的作用，而且硬化泥土形成的建筑可以成为防守敌人的第一条防线。

如果蚁冢遭到破坏，被毁坏的地方就会被兵蚁所包围，它们在叮咬的同时会把毒液注射到敌人体内。食蚁兽和土豚这样的食蚁专家会先用强壮的爪子挖入蚁冢，然后用长长的舌头提取出里面美味而营养丰富的白蚁。

图3.9 南非的白蚁蚁冢 （作者提供）

白蚁"农夫"

白蚁会把活着的、死亡的、腐烂的植物，甚至在动物粪便中找到的植物残渣当作食物。白蚁不能消化纤维素，它们会依靠肚子里的细菌和生活在蚁冢里的真菌把食物转换成它们需要的能量与养分。非洲有一种大白蚁，它们能建造大型的土丘，在土丘上的梳子形状隧道和线带中生长着真菌，塔状的土丘提供了适合真菌生长的温度和湿度。白蚁将自己不能食用的植物体提供给真菌，然后再食用真菌，生长真菌的地方就好像农场，白蚁就好像农夫。

白蚁与北美洲大草原的草原土拨鼠（见第二章）一样，都是当地的"楔石"动物。由于白蚁营造了一种独特的小环境，改变了营养的循环与土壤的结构，也为其他物种提供了食物和栖息地。

建造塔形土丘需要白蚁从地下深处携带土壤到地面，这种行为会把深层土的营养循环到上层土中，因此土丘形成了细纤维而且营养（含有高钙和氮）丰富的土壤。当地的农夫在被遗弃的白蚁土丘周围种植庄稼。一些野灌木也会选择生长在土丘上，一些与周围草所不同的植物也可以生长在这里。

非洲热带稀树草原生物群落

在世界地图上，非洲热带稀树草原像带子一样环绕着刚果雨林，覆盖撒哈拉以南的非洲地区的60%。但是，如果更进一步地观察，你会发现这里至少有三个分开的热带稀树草原区域（见图3.10)。非洲西部的热带稀树草原在赤道北面（北纬5°~北纬15°）形成了一个小细条，从塞内加尔的大西洋海岸和毛里塔尼亚最南边一直延伸到苏丹的红海边。非洲东部的热带稀树草原横跨赤道，从索马里南部（北纬16°）经过埃塞俄比亚的东部和肯尼亚，最后进入坦桑尼亚（南纬9°)。非洲南部的热带稀树草原位于南半球，从纳米比亚和莫桑比克开始一直到南非的西开普省［从纳米比亚（南纬18°）开始一直到南非的（南纬34°)］。在这三个区域中，非洲南部和东部热带稀树草原中的动物和植物非常相像。非洲西部大草原从地理角度来讲，与其他的非洲热带稀树草原是隔离开的，与上述两个热带稀树草原有所不同。

非洲西部热带稀树草原

受纬度的影响，非洲西部的热带稀树草原区域被分成植物带排列在一起。在这种区域内，因为距离赤道较远，所以潮湿的季节很短，降雨

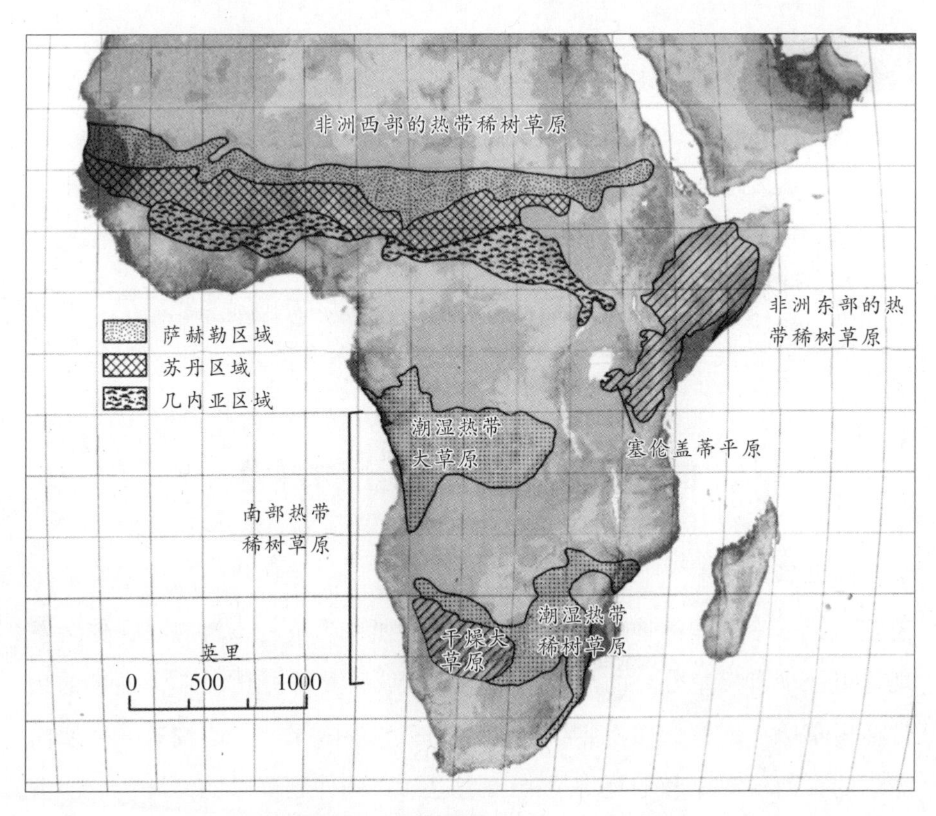

图3.10　非洲的三个主要的热带稀树草原地区。非洲西部热带稀树草原的纬度带状配列显示如上　(伯纳德·库恩尼克提供)

量也随之减少。非洲西部草原位于撒哈拉沙漠的正南端，形成了从撒哈拉的干旱气候到刚果雨林全年降雨气候之间的明显过渡地带。

在非洲热带稀树草原最北边的最干燥的地区，叫作荒漠草原。荒漠草原位于撒哈拉大沙漠的边缘。在热带辐合带向北移动的年份里，荒漠草原5月到9月之间的降雨量达到20英寸（约500毫米）。干旱季节通常会在6~8个月，在这期间，干燥的热风会把沙漠的灰尘与沙子吹到荒漠草原中。荒漠草原在厄尔尼诺现象发生的年份或者其他全球气候变化的影响下，极易形成全年干旱的气候。对这个区域干旱气候造成影响的，还有这里渗透性极强的土壤，在每次降雨后迅速把雨水渗透到地下。这里的土壤是由多年的沉积物和更新世时期的湖床形成的，在地面上常年有水的地方寥寥无几。

荒漠草原的植被多为稀疏分散的灌木和小树，大部分都低于15英尺(约5米)。这里大部分的植物为一年生，比多年生的植物能够更好地抵御漫长的干燥季节。灌木则多为不同种类的有刺合欢树。荒漠草原里的植被已经被人类的活动（例如牛和山羊的放牧、耕种谷子和高粱所使用的旱作农业技术和烧柴的采集）和长期的气候变化（例如20世纪70年代初期沙漠化给人类和牲畜所带来的饥荒）所改变。

大型的原生哺乳动物，如短弯刀角大羚羊、北非麋羚、非洲猎豹和狮子，都曾生活在荒漠草原，但由于过度的猎取现在都已经消失了。生活在这里的小型哺乳动物，有荒漠草原生物群落中特有的几种啮齿目动物，如沙鼠和斑马鼠。

荒漠草原的南部是苏丹区域，苏丹区域横穿非洲，从尼日利亚和喀麦隆开始，经过乍得和中非进入苏丹。苏丹区域的雨季从4月开始一直到10月结束，年降雨量为20~60英寸（约500~1500毫米）。土壤多为老成土和淋溶土。

苏丹区域包括干燥热带稀树草原林地，那里有多种木本植物和比荒

图3.11 穿过非洲西部的南北横断面显示了植被的变化，从而反映了年降雨量的变化（杰夫·迪克逊提供）

漠草原更高的树木，主要为每年落叶的树木。这些小叶的树木能达到15~20英尺（约5~6米）高，最高的大树为50英尺（约15米）高的猴面包树(见图3.12)。这里的大象草也能长到10~12英尺（约3~4米）高。苏丹区域里的植被所受到的威胁与荒漠草原是相同的：过度的放牧、野火、农场的建立和火木的采集。一小部分剩余的大象生活在保护区里，保护区里还有其他非洲西部的亚物种，如野牛、长颈鹿和非洲旋角大羚羊、粟马羚，同样稀少的黑犀牛和北部白犀牛在这个地区已经消失了。居住在这里的食肉动物的数量要比荒漠草原多。

非洲西部热带稀树草原带的最南端是几内亚区域。这是一个湿润的林地，雨季在4月到10月之间，年降雨量为40~60英寸（约1000~1500

图3.12　在南非克鲁格国家公园里热带稀树草原中的猴面包树远高于其他的树木(作者提供)

猴面包树与人们

在非洲西部的热带稀树草原，猴面包树会生长在人类居住的地方。因为这种树的数量很多，在几世纪前被人类带到了非洲雨林北部的干旱地区。猴面包树有巨大的树荫，它常常会被人类作为聚会的地点，在人们居住的村子周围会长满猴面包树。这种树的果实被用来制作粥等食品，人们会把果肉浸泡在热水里来去籽，这种方法可以帮助水果籽的发芽。这种树木可以忍受火焰的燃烧，因此它们可以生长在非洲西部的热带稀树草原中的任何地方。

虽然猴面包树需要人类的照顾与保护，但是有些却生长在没有人居住的地方。因为狒狒与黑猩猩也喜欢猴面包树的果实，树籽会随着它们到达人类无法到达的悬崖和深山里，所以它们自然也就会生长在没有人类居住的地方。

毫米)，高草是这里主要的草。当然，其他的林地树木的高度有的可达到40~50英尺（约12~15米）。沿河的长廊林是重要的动物栖息地，几内亚区域的最南端并不是天然的热带稀树草原，但由于农耕的需要反复地燃烧才变成今天的热带稀树草原，现在这种雨林变成草原的现象仍在不断增加。

几内亚区域的热带稀树草原中的动物与非洲西部热带稀树草原其他两个区域中的动物是基本相同的。沿河的长廊林、湿地和小块的热带雨林增加了动物的多样化。

非洲东部热带稀树草原 非洲东部热带稀树草原位于北纬16°~南纬9°，覆盖了非洲中部高原的大部分地区，从埃塞俄比亚东部和索马里开始，穿过肯尼亚进入坦桑尼亚。这里北部的气候非常干燥，有沙漠灌木林地。而最南部的气候非常潮湿，这里的热带稀树草原包括坦桑尼亚的林地和其他的几个热带干森林。

因为非洲东部热带稀树草原大部分区域的位置非常接近赤道，所以每年会经历两个雨季和两个干季。在一年中，当热带辐合带穿过这个区域的时候，就会带来热带的气候，然后热带辐合带又会回到赤道附近。每年两个雨季的长度是不同的，较长的雨季在3~5月，而较短的雨季则在10月中旬到12月之间。这两个雨季的雨量也是不固定的，有时候非常短，有时则会下很久。总体来说，非洲东部热带稀树草原平均年降雨量为20英寸（约500毫米）左右。

除了坦桑尼亚的塞伦盖蒂平原以外，这里的热带稀树草原主要以灌木为主，其中也生长着矮乔木，在干燥季节会落叶，它们大部分带刺。灌木通常会长到10~15英尺（约3~5米），而稀疏生长的乔木可以长到30英尺（约9米）高。软木斛和扁担杆属的浓密灌木丛在这里非常常见。非洲东部热带稀树草原原生的巨大猴面包树是最高的木本植物，而草的种类多为一年生和多年生的草。

热带稀树草原生物群落干燥的部分向北一直延伸到非洲之角。这里曾经是沙漠，这个沙漠连接于非洲的西南一直到北部的沙漠带，横穿撒哈拉和中亚，因此在肯尼亚与索马里的热带稀树草原中可以看到很多沙漠植物。现在这个区域虽然与沙漠带完全隔离了，但是有许多特有的植物、爬行动物和哺乳动物。其中特有的哺乳动物包括羚羊（见表3.2）、

表3.2 埃塞俄比亚东部、索马里和肯尼亚东北部热带稀树草原中特有的动物

动物名称	拉丁文学名
沙羚	*Ammodorcas clarkei*
大耳小羚羊	*Dorcatragus megalotis*
亨氏牛羚	*Damaliscus hunteri*
斯氏瞪羚	*Gazella spekei*

沙鼠和疣猪，还有非常罕见的狭纹斑马，这种斑马承受干旱的能力远超过它的近亲平原斑马。如果再往南，你会发现濒临灭绝的小群非洲野驴也生活在这里。

肯尼亚与东南部的苏丹和东北部的乌干达位于非洲东部热带稀树草原植物的混合区域中。这是一个典型的合欢树大草原，幸运的是，这个

倒立的生命之树

非洲热带稀树草原的猴面包树最显著的特征，就是它那巨大的树干和短而粗的树枝（见图3.2）。在雨季的时候，它们会把水分充足地吸收到自己的组织里，这时候的树干可以达到15米粗。在干旱季节它的树枝没有树叶，看起来很像树根，所以人们叫它“倒长着的树”。

多毛而且鸡蛋型的果实，高挂在树枝的长茎上，很多人叫它“死老鼠树”。当果实成熟掉在地上的时候，大象、非洲羚羊、狒狒和猴子把它们作为食物，所以人们才会把它叫作“猴面包树”。包围着水果的白色果肉可以用来混合奶油或他他酱，可以用来炒鸡蛋，有时候这种树也会被称为“他他奶油树”。

猴面包树的果肉和叶子含有丰富的维生素C，常被当地人作为药来使用。叶子可以食用，籽也可以食用或者用来煮制饮料，而它的树干虽然不能用来盖房子，但是高纤维柔软的质地可以用来做成篮子之类的生活用品。在干旱的季节，它的树枝和根可以用来嚼出里面的水分。

夜猴、松鼠、蜥蜴、蛇、树蛙和蜜蜂都会生活在它的树洞里。犀鸟和鹦鹉也会在树的空洞里抚养自己的下一代。有时候老树的中间是空心的，人们会住在里面或者把它当作仓库、礼堂、监狱、墓穴和卫生间。

猴面包树可以活到2000~3000年。当它们死亡的时候，几乎会在一夜之间消失或者倒塌成一堆腐朽的混合物。

草原被保护区和国家公园维护得非常好。大部分对早期非洲大草原生态的调查研究，都是在这里和其他国家公园进行的，所以我们现在所知的，关于非洲热带稀树草原的知识，都是建立在这片区域之上的。

非洲东部热带稀树草原的这个部分是在中非高原古老的基石上形成的。这个区域北部的海拔为650英尺（约200米），南部和西南部的海拔为3000英尺（约1000米）。年平均降雨量在图尔卡纳湖附近为8英寸（约200毫米），在肯尼亚的沿海地区则为24英寸（约600毫米）。而且这个数字每年都会有所不同。

非洲东部热带稀树草原由大片的林地、成群的大象、多种食草的有蹄动物、猫科动物和犬科动物组成。科学家一直无法解释为什么这么多种不同的哺乳动物可以同时生活在同一个地方，早期的环境研究提供了可能性的解释：每一种食草动物都有它们的栖息地、适合的食物、一天中特殊的活动时间，还有每年中不同的时间不同的活动地点。因为在很久之前就形成了规律，即每一种动物在不同的时间、不同的地点，会食用不同的食物，所以食草动物之间不会相互打扰。

食腐动物在这个生物大循环中也起到了非常重要的作用，它们会吃掉成百上千的动物尸体，动物的尸体不只是食肉动物所吃剩的，还有一些由于年龄过大的自然死亡、骨折而不能行动被饿死的和染病死亡的。最常见的食腐动物是秃鹫，它们聚集在刚死亡或已经腐烂的动物尸体旁，像每一种食草动物一样，每种秃鹫也都有自己的角色。一群白翅膀的秃鹫总是第一个到达动物的死亡现场，而它们明显的黑白色羽毛会吸引更多的黑白秃鹫的到来，之后便会引来非洲大秃鹫，它们通常是最后才来。当非洲大秃鹫来到的时候，它们便会完全占有食物，它们是唯一可以撕开动物骨头的动物。

有一种看起来像麻雀的鸟类叫织巢鸟，通常它们会建筑起大型的鸟巢，织巢鸟用玻璃和树枝来编织瓶子形状的巢，通常会把几百个这样的

图3.13 南非加拉加迪国家公园喜欢交际的织巢鸟的群体巢 （作者提供）

巢建在同一棵合欢树上，这种巢的入口在下方。还有一种群居的织巢鸟筑成的巢看起来像茅屋粗糙的房顶，它们通常会把巢筑在合欢树和猴面包树上（见图3.13）。另外一种织巢鸟叫作红嘴奎利亚雀，它们最特别的地方就是筑造巨型的巢群，最多可以把上千万鸟巢同时造在一起。更特殊的是一种流量鸟，有时它们会突然迁移到别的地方。

非洲热带稀树草原有几种大型的生活在陆地上的鸟。最高的是鸵鸟。其中一种是灰颈鹭鸨，高为4英尺（约1.2米），是世界上最大的飞鸟。灰颈鹭鸨是杂食动物，食物包括昆虫、小型哺乳动物、蜥蜴、蛇，甚至植物的籽和梅子。鹭鹰是一种猎鸟，它们与鹰是亲戚，是食肉动物（见图3.14），有3英尺（约1米）高，它们利用自己的长腿把蛇和蜥蜴从草中吓出来，然后再去捕捉它们，因此有时它们在觅食的时候看起来好像在跳舞。鹭鹰通常会被野火所吸引，那时正是捕捉受伤和逃跑小

图3.14　鹭鹰是捕蛇的高手　（作者提供）

动物的好机会，它们的行走能力与飞行能力都很强。

白蚁是热带稀树草原生物群落中重要的成员。大白蚁在非洲东部建造了许多大型的地上蚁巢通风系统，在这些土丘上会生长特有的植被，通常会被斑马、黑斑羚和其他动物食用。这些土丘的高度达到20英尺(约6米)，直径为100英尺（约30米)，通常会被其他动物用作放哨的地方，矮猫鼬、蜥蜴，还有一些鸟类，会将它作为自己的巢穴。当然，这些白蚁也会成为很多脊椎动物的食物，土豚、穿山甲、蜜獾和土狼先破坏土丘然后食用白蚁。当上百万的白蚁长了翅膀飞出蚁巢的时候，立刻会引来鸟类、狒狒和疣猪的捕食。有时人类也会食用白蚁作为有营养的小吃。

塞伦盖蒂平原是非洲东部大草原中一个因特殊构成而闻名的地方。这里的土壤为转化土，是由火山岩浆喷发时的火山灰覆盖而形成的，所以它非常肥沃，但是在下雨的时候，雨水会很快渗透到地下，因此大树在这里无法生长，但是不同类型的草却可以生长。延绵起伏的地表上镶嵌着一块块岩石，这些岩石是古代的基底岩石透过层层的火山灰和土壤而穿出地面的。塞伦盖蒂平原之所以著名，是因为每年都会有成千上万的动物随着年度大迁移而来到这里（见图3.15）。大约有130万匹蓝角马、20万匹平原斑马、40万只羚羊会在大迁移中来到这里，约有23种有蹄哺乳动物在这里会合。大迁移的队伍会在雨季初期的时候到来，食用大平原最干燥的南部的营养丰富的短草。

在雨季结束干燥季节来临的时候，动物们会转移到北边中高草地区。当它们再向北部的林地转移时，那里就是塞伦盖蒂平原最潮湿的地方，它们会在那里躲避干燥的季节，然后在雨季开始的时候再回到大平原的南部。

在动物大迁移时，非洲旋角大羚羊、南非大羚羊和狷羚则会待在塞伦盖蒂平原。它们是游动的，在雨季时它们会转换牧场，等待这里的草长出来它们再回来。在干旱季节，它们的移动不是很有规律，它们会寻

图3.15　成群的角马与平原斑马在年度大迁移中聚集　(J. 诺曼·雷德提供)

找刚下过雨的中高草草原。

塞伦盖蒂平原中猎食的猫科和犬科动物像其他地方的一样，都是只居住在自己的领地。在雨季大批食草动物迁移的时候，对它们来说食物是非常丰富的，但是干旱季节来临的时候，也是饥荒开始。

在塞伦盖蒂平原的外面是坦桑尼亚的北部和中部，这里的热带稀树草原位于高海拔的地区，平均海拔为3000~4000英尺（约900~1200米）。这个区域的降雨量比北边要大，每年大约为25~30英寸（约630~760毫米），每年两次的雨季也是正常的，较长的雨季发生在3月到5月之间，短一点的雨季在10月到12月之间，有时候两个雨季会连在一起。土壤是在古代的基石上形成的，大部分为老成土和淋溶土，这里的树没有叶子，大象和野火使这里的林地变成了草原，植物与非洲东部的非常相像，大部分为合欢树。

非洲南部热带稀树草原

非洲南部热带稀树草原与非洲东部热带稀树草原是分开的，但是它们的植物却非常相近。非洲南部热带稀树草原始于纳米比亚的中东部，经过博茨瓦纳和津巴布韦，最后进入莫桑比克和南非。这里也叫作灌木丛生地。这些南部热带稀树草原在南纬18°~南纬34°，横穿非洲高原，海拔为2300~3600英尺（约700~1100米），雨水来自印度洋以东上空的潮湿空气，在热带辐合带移动到南回归线的时候，潮湿的空气才会被吸引到内陆来，积雨云通常会在下午形成，而在晚间发生雷雨。

非洲南部热带稀树草原的大部分区域都与喀拉哈里沙漠有联系，喀拉哈里沙漠是世界上沙子最多的沙漠，这个沙漠位于南非的奥兰治河一直到赤道的北部。这些红沙子的来历还不是很清楚，它们可能是在1300万年前形成的，在更新世时期潮湿与干燥转换的时候，由风化而形成的。今天，这些沙丘已经被丛生的植被所固定，被称作化石沙漠，在北边，沙漠被热带森林所覆盖，在喀拉哈里低地，有一个干燥的热带稀树草原，它是纳米比沙漠和卡鲁沙漠的过渡带。

与非洲东部非常相像的潮湿热带稀树草原位于喀拉哈里沙漠的北面与东面，穿过非洲的中南部纳米比亚的北部、博茨瓦纳、津巴布韦和莫桑比克。在这里阔叶和无刺的树占多数，这种植物叫作米翁波，它生长在潮湿和贫瘠的土壤，虽然大部分的树都是豆科植物，但有一些树的根瘤上生长的细菌可以修复空气中的氮，高一点的植物需要依靠这种有修复空气中氮的豆科植物、土壤细菌和地表硬外层的在蓝细菌。大部分多年生的草不是垂直的丛生禾草，这是与其他地方不同的，它们依靠匍匐枝来繁殖。

野火在非洲南部热带稀树草原经常发生，这里的树木和灌木有被野火和大象毁坏后重新发芽的能力，这在保护植被和林地空旷的方面起到了非常重要的作用。草会给热带稀树草原的野火提供燃料，在新草长出来之前，野火会在干旱季节末期燃烧起来，这时的树籽会被毁掉。当年降雨量在25英寸（约630毫米）左右的时候，野火就不能保持热带稀树草原的空旷，而在年降雨量低于25英寸（约630毫米）的时候，野火的燃烧与食草动物的觅食会保持大草原的空旷。

在南非东部林波波河南边的混合草原，生长着多种合欢树。这些细叶的树和灌木，生长在潮湿草原气候的肥沃土地上。非洲的第一个国家公园——克鲁格国家公园，集合了多种植物，代表了这种草原的种类。

潮湿的热带稀树草原是非洲大型动物的聚集地，例如狮子和非洲猎豹，还有巨型的食草动物，例如大象、白唇犀牛、黑唇犀牛、河马和非洲野牛，它们每头的重量超过1000千克。食草动物主要的食物是树叶、树枝、植物的芽、水果，还有树与灌木的花，在热带稀树草原中主要的动物就是食草动物，小型的食草动物包括乌龟、毛虫和蝗虫，很多居住在陆地上的鸟类会把昆虫当作食物。

像烟囱形状的高蚁冢是热带稀树草原上特有的景观。它也是土壤营

图3.16　蜣螂正在滚粪球　（乔伊·斯坦提供）

养循环的有力助手。蜣螂（见图3.16）经常会把高尔夫球大小的粪便球体滚动在草原上。非洲的蜣螂专门把大型食草动物的粪便当作食物，两只蜣螂会把粪便滚成球然后埋在地下，用来交配和产卵，其幼虫会食用这些没有被大型哺乳动物消化干净的植物碎片。成年的蜣螂也会食用粪便，但大多时候它们只吸里面的汁。地面上大部分的粪便都会被这种小昆虫清理干净。

南非热带稀树草原的北面逐渐过渡到干燥的热带森林，那里肥沃的土地形成于古老的水晶石上，南非热带稀树草原南面边界与非洲高原的边缘相接，非洲高原上就是温带大草原生物群落了（见第二章）。

干燥的热带稀树草原：喀拉哈里沙漠

喀拉哈里沙漠其实就是干燥热带稀树草原，它与那马卡鲁灌木地的植被种类相似，只是缺少了肉质植物，由于那里的森林繁多，喀拉哈里沙漠中主要的植被为草、灌木和乔木（见图3.17）。喀拉哈里沙漠比一般的沙漠有更简单的生态系统，动植物的种类也比较少。因为它的位置处于热带稀树草原和沙漠的过渡带，所以这里也不存在特有的物种。

喀拉哈里沙漠的地形由延绵起伏的沙山、近乎圆形盐质土层和干枯的河床组成。这里的河流曾是奥兰治河的分流，但是现在由于沙丘的形成早已消失。今天，水流几乎不会经过这里的河床，但是干枯的河床可以提供盐和作为动物食物的草。喀拉哈里沙漠冬凉夏热，在夏天的时候，气温可以远超过100℉（约38℃），而地表的温度竟能达到惊人的160℉（约71℃），这里的降雨量非常低，而且不稳定。大部分的降雨会在夏天（11月至来年4月）以雷电交加的暴风雨形式出现，在加拉加迪

图3.17　在喀拉哈里沙漠的干燥热带稀树草原中，跳羚和羚羊已经很好地适应了这种干燥的环境 （作者提供）

国家公园，年降雨量为10英寸（约250毫米），但实际的降雨量每年都不同，多年的记载为2.2英寸~26英寸（约56~660毫米）。多雨的年份发生在每10~20年一次，只有在那时河床里才会有水。在潮湿的年份，一年生草和非禾本草本植物生长茂盛，毛虫和啮齿目动物的数量也大大增加，这为食草动物和食肉动物提供了充足食物。而植物在雨季过后会变得干枯而易燃，第二年春季的雷电就会使其燃烧起来，因此野火在国家公园生态系统里会循环发生。在降雨量较高的年份过后，蓝角马、红狷羚和跳羚会向南端迁移100英里（约160千米），从博茨瓦纳到南非。这种混乱的迁移实际上是多种不同的动物群混合在一起的结果，而今天这种迁移是在栅栏的引导下进行的。

在干旱的年份里，南非长角羚和红狷羚靠食用植物的球茎和根茎来生存，此时它们与其他食草动物竞争草地的情况越来越激烈，很多羚羊会向北面更加湿润的草地迁移，而南非长角羚和鸵鸟因适应了这种沙漠气候而继续待在这里。

这个干燥草原里的草大多为一年生的喀拉哈里两耳草和九芒草，多年生的羊草也是干燥大草原里动物食用的草。白野牛草和布西曼草是更好一点的食用草，而常见的莱曼牧草的食用价值不是很大。在干燥草原里对于生态系统最重要的树就是骆驼刺（合欢树的一种）（见图3.18）。它是一种分布较广的物种，生长在安哥拉、莫桑比克、纳米比亚、南非、赞比亚和津巴布韦，也生长在喀拉哈里沙漠中。它们通常会独立或者分散着生长，而不会像林地植物那样密集地生长，成熟的骆驼刺能长到35英尺（约10米）高，而主根的深度达到130英尺（约40米）。它们的荚果含有丰富的蛋白质，很多动物会食用它。骆驼刺还可以为蜥蜴、鸟类、树鼠和羚羊提供树荫和住处。

织巢鸟居住的草巢装扮了骆驼刺的树枝。而它们排泄的粪便中有很多无法消化的骆驼刺树籽，这些树籽会在树下生长。但是在干燥季节，

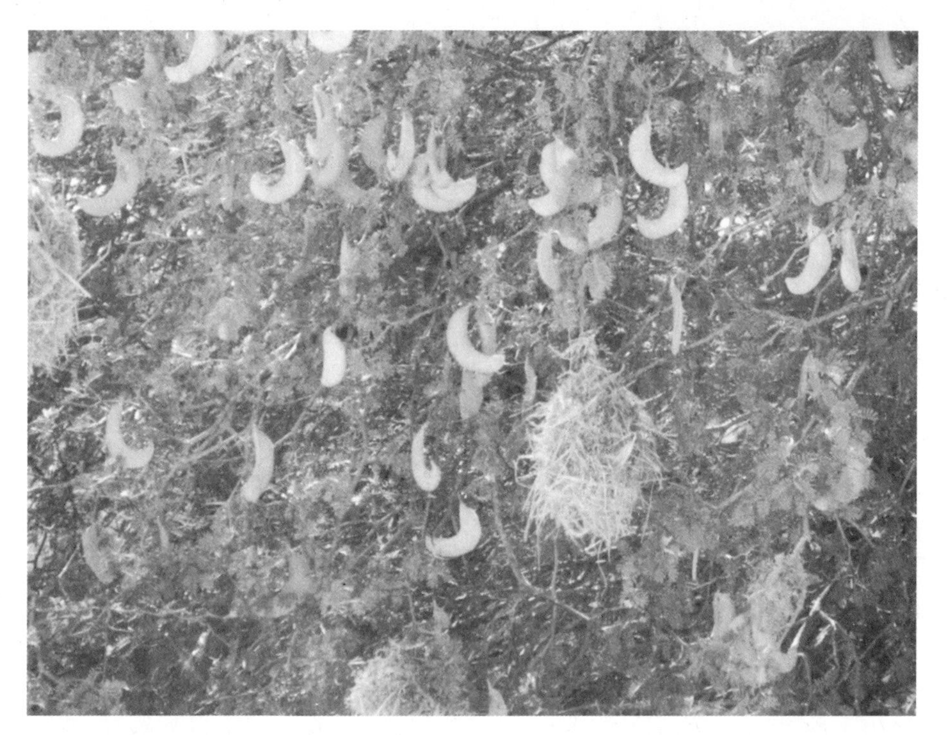

图3.18 骆驼刺上耳朵形状的荚果和挂在树上的织巢鸟的鸟巢 （作者提供）

这些植物变得十分易燃，树上的鸟巢也同样变得易燃。很多老树会被野火烧死。

哺乳动物会在一天最热的时候来到骆驼刺下乘凉，它们在树下的活动和排泄使那里的土壤变得肥沃，同时也为软蜱提供了栖息地。骆驼刺掉在地上的荚果会吸引白蚁，而白蚁会被树上筑巢的鸟类食用。甲壳虫会在地上的荚果中产卵，含有甲壳虫卵的荚果又会被羚羊所食用，虽然荚果里的幼虫在被山羊消化过程中会死掉，但是在山羊把荚果籽排泄出来以后，被幼虫挖过洞的荚果籽会更好地发芽，因为籽表面的洞可以使它更好地吸收水分。

在干燥热带稀树草原的小树中，比较突出的是白茎的牧羊人树。它绿灰色和皮革质地的树叶含有大量的维生素A，经常被跳羚和条纹羚所食用。天气炎热的时候，牧羊人树浓密的树荫会吸引哺乳动物，特别是狮子和非洲猎豹前来乘凉。在炎热的日照下，地表上的温度会达到160℉（约71℃），但是在树荫下的温度只有70℉（约21℃）。

喀拉哈里沙漠中生长着多种灌木。比如黑刺李，它是一种每年落叶的合欢树，羚羊会食用它的落叶、荚果、花和新芽。在树上破损的枝茎上流出来的树胶是南非大鸨最爱吃的食物。因为南非大鸨太爱吃这种树胶了，所以当地人用树胶做诱饵来捕捉南非大鸨。在冬天，啮齿目动物会在树下积攒大量的干草来作为栖息地。这些干草在春天的时候很容易着火，但是黑刺李会在野火燃烧以后又迅速发芽。

还有一种值得一提的植物，那就是一年生西瓜，它是西瓜的祖先(见图3.19)。蒂撒玛西瓜生长在细长的匍匐枝上，整个西瓜的90%~95%为水分。它本身的养分不高，但是被鸵鸟、老鼠、地松鼠、羚羊和棕鬣狗作为水分而食用。与西瓜不同的是，它的瓜皮和果肉是硬的，成熟的蒂撒玛西瓜在两年内可以保持不坏。另外一种有趣的植物是野仙人掌，它是一种肉质植物，这种植物是可以食用的，它具有减少食欲的作用，因此各大医药公司想利用它来研制一种治疗肥胖症的药物。

在喀拉哈里沙漠中生活的动物需要适应炎热与干旱，在这里生活的鸟类和蓝角马也都是以迁移为生的，真正生活在这里的动物为南非长角羚和跳羚，因为它们可以从自己的食物中吸收水分，所以它们通常会在夜间植物水分含量最高的时候觅食，为了抑制水分的流失，它们会控制排尿量，排出的粪便是非常干燥的。

很多在喀拉哈里沙漠中生活的动物都是在夜间活动的。跳鼠、刺猬和土豚白天会在凉爽的地洞里休息，喀拉哈里沙漠的狮子也是在夜间活动的，它们白天的时候会在树荫下睡觉。狮子会在猎物的血液和肉里摄取水分，其他夜间活动的食肉动物是蝙蝠耳狐和披风狐狸，它们是非洲唯一真正的狐狸，它们的食物有甲虫、白蚁、啮齿目动物和蜥蜴。虽然

图3.19 蒂撒玛西瓜是干燥的喀拉哈里沙漠中的水源，它有可能是最早的西瓜（作者提供）

喀拉哈里沙漠的夜间有很多动物在活动，但是那里的夜还是非常安静的，唯一可以听到的声音就是壁虎的弹跳声。一些小型动物会在白天活动，如猫鼬、地松鼠、黄猫鼬和哨鼠。土豚只有在白蚁出现的时候才出来活动，因此它们在冬天的时候是白天活动，夏天则是在夜晚活动。

喀拉哈里沙漠中有大量的专门食用哺乳动物的捕食者。黑背豺的活动时间不分昼夜（见图3.20），它们捕食白蚁、老鼠、跳鼠，也食用蒂撒玛西瓜和其他水果，甚至食用大型食肉动物吃剩的腐肉。鬣狗也是杂食和食腐动物，大多在夜间活动，由于动物骨头中含有大量的钙，它们的粪便是白色的。喀拉哈里沙漠中的猫科动物有狮子、花豹、非洲猎豹、大山猫和非洲野猫。

图3.20 黑背豺是非洲大草原中分布广泛的中型食肉动物 （作者提供）

潮湿的大草原：克鲁格国家公园

克鲁格国家公园在不同的地理位置和不同降雨量的影响下，有不同的植物群体。这里的年降雨量由于纬度的差异而有所不同，克鲁格国家公园北部的年降雨量少于20英寸（约500毫米），而克鲁格国家公园其他部分的年降雨量为20~28英寸（约500~710毫米）。克鲁格国家公园南北部的交界大约在象牙号角河或者南回归线的位置。

象牙号角河北边的大草原有浓密的乔木和灌木，那里的树木几乎都是白紫檀。白紫檀属于阔叶植物，叶子呈蝴蝶状，生长在干燥但是肥沃的土地上。由于大象的破坏，浓密的树林里的白紫檀高矮不一。在大草原中同时生长着其他几种木本植物，有高大的猴面包树，还有金鸡纳树、桃花心木和无花果树。

象牙号角河的南边是灌木丛大草原，这里比象牙号角河的北边有更多的树和灌木。这里的草原茂盛，生活着更多的食草动物和食肉动物，来这里的森林公园餐馆的游客要比去象牙号角河北边的多。

大象是克鲁格国家公园里重要的动物，大象在搔痒、玩耍的时候会破坏和折断很多大树，这样就减少了木本植物覆盖的草坪数量，这时阳光就有机会照射在草地上，从而促进草的生长。因为大象没有天敌，所以它们的数量一直在不断增长，这样一来，许多树木就会遭到破坏。

多样的植物会导致多样的动物群。南部大草原与非洲东部大草原上生活着同样的动物，最常见的觅食动物是黑斑羚、非洲大羚羊和长颈鹿。在草地上生活的平原斑马、普通斑马和黑斑羚的数量也非常多（见图3.21）。鸟类中的珍珠鸡和鹧鸪主要以植物的嫩芽、籽和昆虫为食；蕉鹃喜欢吃水果和植物的花朵；织巢雀的食物是植物的籽和昆虫，它们喜

图3.21　非洲大草原中有多种食用不同高度的植物的大型哺乳动物，斑马与长颈鹿是其中的成员　（作者提供）

欢把自己的鸟巢挂在树枝上。克鲁格国家公园与喀拉哈里沙漠不同的是，克鲁格国家公园里有河流和池塘,这里还居住着鳄鱼和河马。

生态旅游是南非重要的经济来源，克鲁格国家公园是非洲保护时间最久的公园。今天，偷猎仍是这里面临的最大威胁，在控制偷猎大象的方面，管理人员做得非常好，但同时也给克鲁格国家公园带来了新的问题，大象的数量渐渐超过这里可以承受的数量。在克鲁格国家公园周围的土地几乎都是农田、牧场，还有城市。由于土地开发商的进入，很多食肉动物和食腐动物被猎杀，杀虫剂的大量使用，再加上非原生动物的进入，也是这里面临的问题，因此克鲁格国家公园的管理人员一定要在保护野生动物、环境和吸引游人中间找到一个平衡。

澳大利亚热带稀树草原

澳大利亚的热带稀树草原横穿大洋洲大陆的北部，在南边弯曲经过东海岸的昆士兰，最后进入亚热带（见图3.22)。澳大利亚的热带稀树草原位于南纬17°~南纬29°，受季风气候的影响，年降雨量在北部为60英寸（约1500毫米)，南部为20英寸（约500毫米)。这里的雨季通常在南半球的夏季，也就是12月到来年3月之间。

澳大利亚有6种不同的热带稀树草原，它们之间的降雨量和土壤不同，大部分的大草原都有树和灌木，主要植物是桉树和合欢树，还有其他的木本植物，如白千层属植物、榄仁树属和金链花，这里的草为C_4丛生禾草。

澳大利亚的热带稀树草原最北部是季风高草热带稀树草原，那里的年降雨量为30~55英寸（约760~1400毫米)，土壤比较贫瘠，主要的树种为桉树，常见的草为红野燕麦和一年生的高粱。热带高草大草原位于南纬20°南部，沿着东海岸最后进入南回归线南部的亚热带稀树草原。

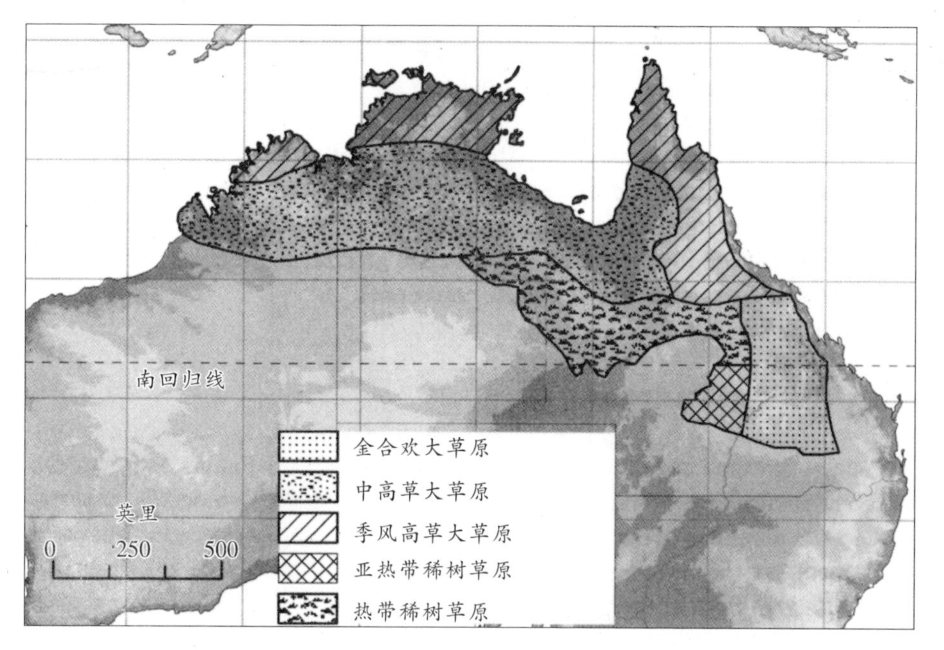

图3.22 澳大利亚热带稀树草原的分布 （伯纳德·库恩尼克提供）

这里主要的草为黑茅草和袋鼠草。

中草大草原位于澳大利亚的西边，土壤贫瘠。主要的草为三芒。另一个中草大草原也位于澳大利亚的西部，土壤为黑裂土。澳大利亚的北部生长着岩蕨，它是合欢树的一种。

澳大利亚的动物与其他大陆不同。虽然种类不是很多，但却是独一无二的。在大草原的哺乳动物之中，有袋目动物是澳大利亚特有的，在生态群落里的有袋目哺乳动物有灰袋鼠、沙袋鼠、大袋鼠、袋狸和袋鼬。

澳大利亚的热带稀树草原中居住着许多不同的鸟类，鹦鹉家族有吸蜜鹦鹉、美冠鹦鹉和普通鹦鹉，其他鸟类家族包括蜜雀、伯劳鸟和雀科小鸟。鸸鹋是澳大利亚大草原中典型的不会飞的鸟类；爬行动物包括皱勃蜥蜴、巨蜥、蛇和小蜥蜴。

南美洲热带稀树草原

南美洲有两个主要的热带稀树草原区域（见图3.23）。在北半球，位于亚马孙雨林北部、奥里诺科河盆地的是南美大草原。在它的南边生长着巨大的森林，也就是南半球，是巴西高地的林地热带稀树草原（塞拉多林地热带稀树草原）。虽然这两个热带稀树草原都存在于热带干燥和潮湿气候的地区，但是它们的状态是由土壤的条件来控制的，比如南美大草原的季节性洪水和塞拉多林地热带稀树草原土壤的严重渗透。这两个热带稀树草原分别有不同的地理环境和不同的动植物。

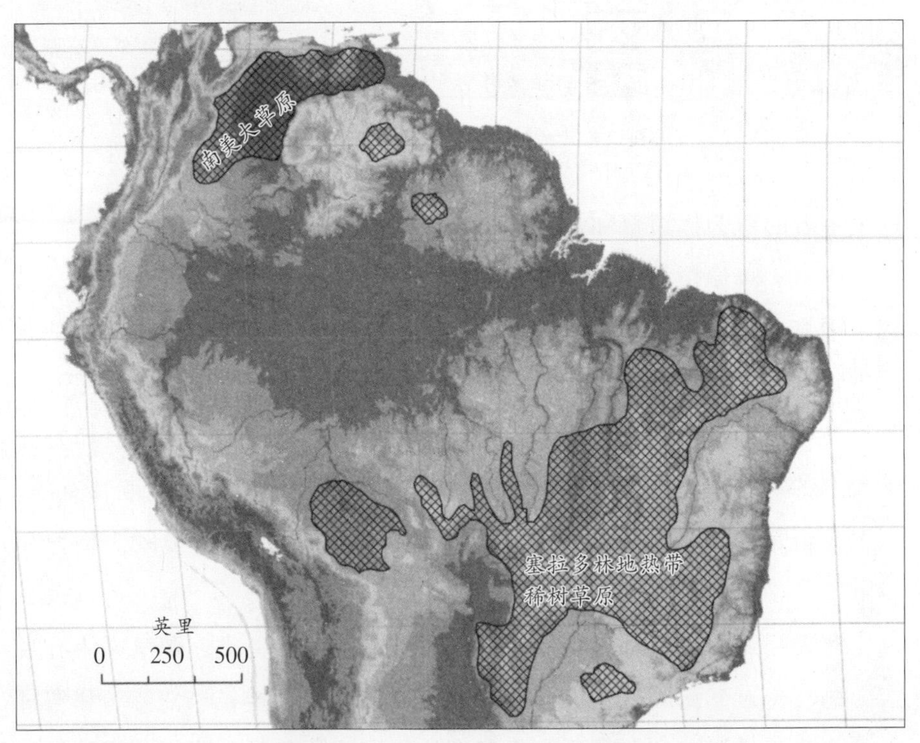

图3.23　南美洲热带稀树草原的分布。两个主要的区域分别是亚马孙河北部的南美大草原和亚马孙河南部巴西高地的塞拉多林地热带稀树草原　（伯纳德·库恩尼克提供）

南美大草原

llanos为西班牙文，特指南美大草原。大草原位于奥里诺科河北边和西边，在委内瑞拉和哥伦比亚境内。这片南美草原海拔为300~1600英尺（约100~500米），纬度在北纬5°~北纬8°，这里是典型的热带气候。一年中每个月之间的温差不是很大，因为距离赤道非常近，所以南美热带稀树草原也会受到热带辐合带的影响，每年只有一个雨季，大都在4月到11月。而降雨量在南美大草原的最南端可以达到每年100英寸（约2500毫米），比一般的热带草原生物群落多很多。而在南美大草原的东边，年降雨量为30英寸（约800毫米）。

南美热带稀树草原的地表下面大部分为含有红土的硬质地层，这也就阻碍了水分的渗透，因此在雨季的时候，地表上的水分会积累数月。而在干燥的季节，水分会被蒸发，地表变成坚硬的碎块，几种植物可以在洪水和干旱条件下生存，包括灯芯草和棕榈树。南美热带稀树草原中有4个不同类型平原（见图3.24），各自都生长着不同的植被，反映了4个区域水分渗透的不同情况。

溢出平原占有热带稀树草原20%的面积，数个不同的栖息地都存在于此，而这些地方在每年的几个月里都是淹在洪水下的，溢出平原河岸的渗水性比较好，因此河边上生长着长廊林。河岸在水位较低的时候会高出水流3~6英尺（约1~2米），在每年降雨量最大的季节里，河岸也会被淹在水里，溢出平原一半的地方都属于盆地，所以在雨季的时候会被淹没在水里，但是在11月和12月之间干燥的季节里，溢出平原会完全变干。这里的泥土黏性很高，导致水分无法渗透，棕榈树很适应这种环境，它的果实会被野生动物和人们食用，叶子和纤维会被用来作为屋顶的材料或制作人们的衣服。很多种草也会生长在溢出平原，这些地方的水分渗透几乎是零，会在干燥季节蒸发而变干。溢出平原也有一些水上

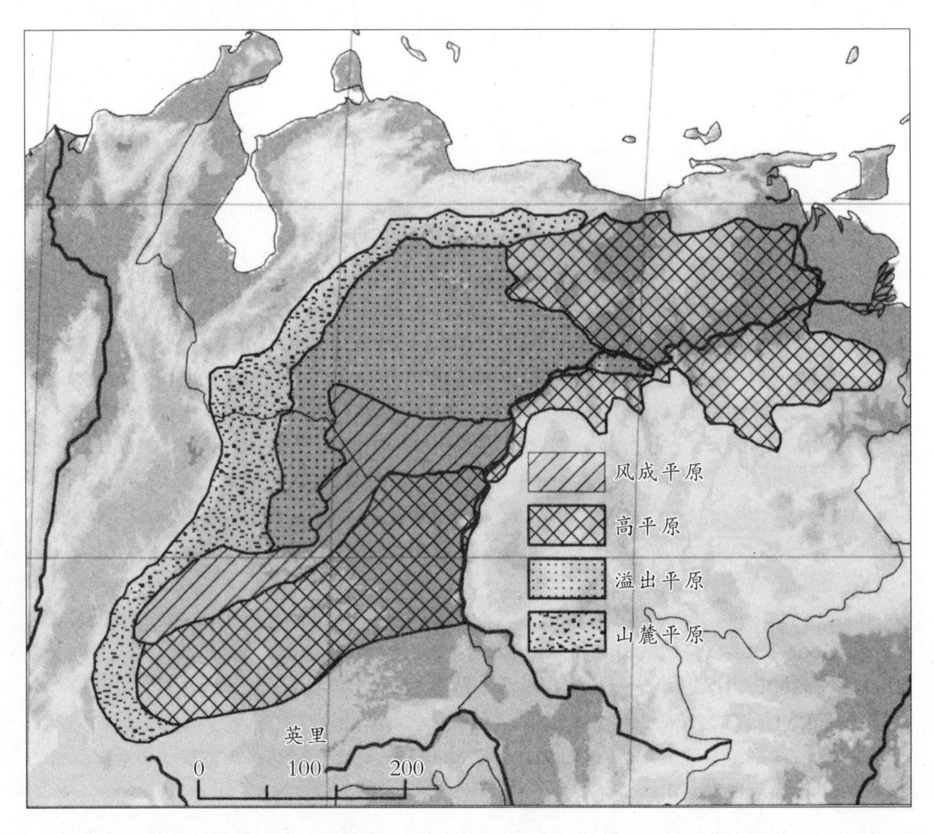

图3.24　南美大草原不同的类型区域　（伯纳德·库恩尼克提供）

南美草原中消失的动物

今天，在南美草原或温带大草原上活动的大型哺乳动物寥寥无几，很久以前却不是这样。在更新世甚至一万年以前，一群巨型的动物曾经生活在这里。目前我们只能从巨型食草动物的化石中找到线索：热带稀树草原有非常久远的历史，而且面积曾经比现在更大。

雕齿兽是一种像小型汽车一样大的动物，全身覆盖着铠甲，就好像它们延续到现在的亲戚：犰狳。雕齿兽有可能主要食用潘帕斯大草原上的草。列齿兽同样生活在阿根廷冰河时期的潘帕斯大草原上。列齿兽约有5英尺（约1.5米）高，肩膀和犀牛一样宽。它们弯曲的上牙会不断地生长，终其一生。列齿兽以食草为生。

嵌齿象是一种有4颗牙的大象。它们在巴拿马地峡合璧后从北美洲而来，在更新世的时候数量繁多。它们的牙齿可以磨碎细草。

其他的大型食草动物有远古骆驼、巨型地树懒、巨型水豚，还有一种灭绝的滑距骨目动物：三趾的后弓兽。滑距骨目的动物看起来好像短鼻子的美洲驼（第一个滑距骨目动物的化石是达尔文在1834年在巴塔哥尼亚调查时发现的）。这些动物都是食草动物，大草原的植被为它们提供了充足的食物，然而这些动物在一万年前都消失了。幸存下来的动物都是体积很小的，现在仍然生活在南美洲潮湿或干燥的生物群落里，其中哺乳动物包括貘、野猪类和犰狳。

植物，它们可以生长在水里面，野莎草是比较常见的。

风成平原形成于更新世干燥时期古老的沙丘上。沙粒状的土壤中养分非常低，而且水分渗透能力也非常强，即使在潮湿的环境中也会变得十分干燥。这种环境十分不适合树木的生长，因此风成平原中只生长着少数的树木，棕榈树只生长在河岸边，为动物和人类提供食物。

高平原位于南美大草原的南部，溢出平原的东部。这里的上层土已经被腐蚀，露出了含有红土的硬质地层，因为树根无法穿越硬土层，所以这里没有树。高平原的土壤为氧化土，属于酸性，含有大量的铁和铝的混合物，因此生长在这里的声嘶草的营养价值非常低。每年雨季来临的时候，这里的树木都会被淹没在水下。一种叫作砂纸树的树木，它的叶片含有大量的硅，非常粗糙，当地人把这种叶子作为砂纸来使用。

山麓平原接近于安第斯山脉，在南美大草原的北部和西部，土壤比南美大草原其他的地方更加深厚。年降雨量也比较高，其范围为40~80英寸（约1000~2000毫米）。雨季在4~11月，而大草原在7~10月会被洪水淹没。来年1~4月是干旱的季节，洪水在这时会枯干。

与非洲东部大草原相比，在南美大草原中，大型的哺乳动物是罕见的。白尾鹿的生活习性与北美洲同类非常相似；这里生活着一种奇怪又罕见的动物——巨型食蚁兽，它是异关节类动物的一种，在南美洲巨型食蚁兽与树懒和犰狳一样，几乎灭绝了。在南美大草原中生活的食肉动物有美洲狮、美洲豹和虎猫。

如果没有河流和长廊林，大量的动植物就不会生存在南美大草原。河流为世界上最大的蛇——巨型水蟒蛇、巨型水獭、食蟹狐，及世界上最大的啮齿目动物——水豚、小型河马提供了栖息地。长廊林则为多种猴子提供了生活的环境。

在南美洲生活的动物中，鸟类的数量是最多的。在南美大草原中被记载过的鸟类达475种（包括留鸟和候鸟），这里的鸟类大部分都在岸边居住，同时南美大草原中青蛙和蟾蜍的数量非常可观。

目前，南美大草原还是未被污染的一片净土。据悉哥伦比亚和委内瑞拉政府已着手计划在将来开发这个区域。现在这里主要的经济来源是养牛，这给大草原造成很多威胁，比如人们大量地放火来促进植物长出新芽来供牲畜食用，这样一来就改变了植物正常生长的形式。外来的草也是威胁之一，由于它们比原生草更加适应这里的环境，也就抑制了原

水豚是更好的牛吗？

水豚是世界上最大的啮齿目动物，它的名字来源于南美土著人，意思是“草地之主”，但它们更像是“吃草之主”。水豚长得很粗胖，约有20英寸（约50厘米）高，120磅（约50公斤）重。它们吃草为生，就像非洲的河马一样，大部分时间都待在水中。水豚的脚有蹼，可以很轻松地游泳。当它们被惊吓以后，会快速潜入水中

藏在水生植物里面，但是水豚的鼻孔会贴在水面呼吸。

水豚是群居的。它们与南美大草原中放牧的牛生活在一个地方，因为它们会吃牛的草，所以农场主们把水豚视为一种威胁，想方设法除掉水豚，再加上非法的捕猎（因为水豚的皮毛和肉的价值），一些地区的水豚数量大大减少。目前已引起人们的关注，正在设法保护它们。

水豚把草转换成自己身上肉的速度是牛的3倍，而它们的繁殖速度是牛的6倍。水豚最大的用处是它的皮。水豚的皮毛只向一个方向生长，非常适合制作手套、皮带、靴子和皮夹克，且它的肉味鲜美，极具食用价值。很多人认为饲养水豚比饲养牛更加赚钱，但是如果想要发展水豚生意，首先必须要推广水豚的市场。

生草的生长。南美大草原中的农场主会千方百计除掉对牲畜有威胁的食肉动物，有两种动物——水豚和凯门鳄由于它们的商业价值受到了保护。

交通系统对于正在增长的经济是非常重要的，同时它也会对动植物天然的栖息地造成影响。比如在南美大草原上建造的高速公路，横穿许多河流，由于施工，很多对动植物生存非常重要的河流改变了位置和方向，这对在这里生活的动植物造成了很大的影响。

塞拉多林地热带稀树草原

塞拉多林地热带稀树草原是南美洲面积最大的热带稀树草原，它位于巴西最古老的地壳上。巴西是一个说葡萄牙语的国家，Cerrado在葡萄牙语中的意思是关闭，这有可能是源于当年葡萄牙人刚来到这里的时候骑着马而无法穿越这里厚密的树林和灌木。塞拉多林地热带稀树草原中有多种不同的草原（见表3.1），它们有不同的名字（见表3.3和图3.25）。

这些热带稀树草原和开阔的林地生长在一个面积为75万平方英里

表3.3 巴西热带高草草原的种类

草原种类	植被特征
纯草草原(Campo limpo)	草约12~20英寸(约30~50厘米)高,没有树木
混合草原(Campo sujo)	大部分为草,有分散的小树木
大树草原(Campo cerrado)	有草、散落的大树和灌木
草原林地(Cerrado sensu stricto)	主要的植物为大树,高度为10~25英尺(约3~8米),同时被草原覆盖着地表
塞拉多林地热带稀树草原(Cerradao)	绝大部分植物为大树,高度为25~40英尺(约8~12米)

图3.25 植被的轮廓显示出几种不同的塞拉多林地热带稀树草原，还有棕榈树为主的棕榈树大草原和沿着河岸的长廊林 （杰夫·迪克逊提供）

(约200万平方千米）的植物大群落中，它占据了巴西总面积的22%，北至赤道，南至南回归线，海拔为1000~6000英尺（约300~1800米）。塞拉多林地热带稀树草原的西部和西北部是亚马孙雨林，东北部是干燥的灌木地，叫作卡丁加群落，在它的南部和东南部是大西洋森林中热带和亚热带的常青森林，塞拉多林地热带稀树草原的西南部是世界上最大的热带淡水沼泽地。

这片巨大的植物群落的每一个部分因为受到土壤、不同的降雨量和野火的影响而各有不同。如果树籽想要在干燥的季节存活的话，那么树根的深度一定要超过草根的深度，这样可以避免与草根争夺土壤中的水分。而树木同时也要在根部储蓄大量的能量，这样在野火过后才能重新繁殖。但在频繁的野火环境下，草重生发芽的能力要超过树木，因此当野火被阻止后，大量的木本植物就会进入塞拉多林地热带稀树草原，把大草原变成封闭的林地。

位于高处的树木生长得非常缓慢，它的营养主要分布在树根的部分，因为土壤的渗透力很强，所以其中的养分非常少。与热带干旱和潮湿气候有联系的植物不能在上述的环境中生长，高地地表的腐蚀显露出了较少风化的和较少渗透的岩石残渣，在这个生物群落的南部，也就是大西洋森林，生长在山谷生物群落的土壤上。在干燥的东北部，卡丁加群落逐渐扩展到了塞拉多林地热带稀树草原的新生地层上。在地理的时间框架下，塞拉多林地热带稀树草原看起来就像是聚集在一起的植物，注定要缩减回它们原来在古老地壳上发展初期的面积。

作为一个古老的植物群，塞拉多林地热带稀树草原有大量木本植物与草本植物，物种达到1万种，是世界上热带稀树草原中最多的。几乎每一个地方的植物种类都不同，而种类最多的地区是大草原的中心部分。塞拉多林地热带稀树草原中约有44%的物种是特有的，是南美洲植物种类最多的生物群落（见表3.4）。塞拉多林地热带稀树草原被誉为世界上物种最多的25个地区之一。

巴西的高地是一个大面积露出地表的地方，至少有三种不同的地表叠落地出现在巴西高原上。这里的基石含有酸性的页岩和晶体石，它们

表 3.4　南美洲物种丰富的五大生物群落介绍

地理位置	生物群落
亚马孙森林	热带雨林
大西洋森林	热带雨林
塞拉多林地热带稀树草原	热带稀树草原
卡丁加群落	热带干草原
潘塔纳尔沼泽	淡水沼泽地

经过百万年的风化和渗透，含有大量的溶解混合物。主要的土壤是红色与黄色的氧化土，这里大部分的土壤都已经被完全渗透，其中一些地方土壤中含有的铝成分甚至是致命的，很多植物都不可能生长在这里，但是原生热带高草的植物却顽强地生活在这里。

在高地的表面是河流上游的源头，地下水位在雨季的时候会上升到地表，因为塞拉多林地热带稀树草原中许多植物都无法生活在水中，所以产生了特有的沼泽植物群。每年的雨季会产生很多河流和湿地，遍布这个区域，长廊林遍布南美洲主要的河流和湿地。

在南美洲热带干燥和潮湿的部分，每年长达7个月的雨季中，降雨量为30~80英寸（约800~2000毫米）。4~9月的气候通常会比较干燥，全年的温度比较温暖，但是偶尔从南边来的冷空气使得这里产生霜。

塞拉多林地热带稀树草原中的树木与非洲和澳大利亚有所不同。这里的树叶通常会比较大而厚或者是细微分开的混合叶，树叶背面的叶脉都比较突出，由于叶子中硅的成分较多，很多树叶的表面好像砂纸。

塞拉多林地热带稀树草原中少数的木本植物属于常青科，大部分的木本植物是每年落叶的。有一些树在干燥季节能保留住自己的叶子，而另一些树则一片叶子不剩，还有一些树每年只更换少部分树叶。不管怎样，新的树叶都会在夏天的雨季前长出来。很多树的宽大叶子外皮是防水的，树干都是相同的绿灰色。这些树木深陷的气孔能防止水分的流失。

在塞拉多林地热带稀树草原中，灌木也是一种比较常见的生长形态。它们有庞大的根，有时候在地面看起来像是几个独立的植物，在地下却拥有同一个根。它们通常会用臃肿的地下器官来储存能量和营养。它们的高茎在干燥的季节会死去，但是只要湿润季节一到，它们就会重新发芽生长。

最常见的树有较细的树干，高度只有10~25英尺（约3~8米）（见图3.26）。因为土壤的贫瘠和铝含量较高，它们的树干和树枝弯曲地盘在一

图3.26 大草原林地上扭曲的小树开放林和它完全被草原覆盖的地表 （作者提供）

起，树皮是柔软的。

土壤中铝含量较高会影响正常植物的生长，因为这样会减少土壤中钙和磷的含量，而这两个元素正是植物生长所需的重要条件，如果没有这两种元素，植物会产生更多的纤维素和表皮。塞拉多林地热带稀树草原中许多木本植物都有特殊的渠道来防止土壤中铝的危害，它们通常会把吸收的铝储藏在不会伤到自己的部位，那就是叶子中脉和其他组织中。在植物落叶的同时也把这些铝排了出去。

干旱通常会使植物末梢的花蕾受到损伤，特别是在生长季节的末期。北部森林的树在冷风暴到来的时候，树枝的末梢会受损，而取而代之的是树干侧面的新枝，因此这里的树木会生长得弯弯曲曲，高而直的树干非常少见。

虽然弯曲的树木和奇怪的叶子使塞拉多林地热带稀树草原与众不同，但是它真正被誉为大草原的原因是源于它的整个表面都被草坪所覆盖。这里大部分的草都是多年生的C_4丛生禾草，它们在第一场雨后开始生长，丛生的禾草包括豆科植物、葵花和兰花家族。在塞拉多林地热带稀树草原中，豆科植物有500多种，它们都与根瘤菌有着共生的关系，这种菌可以把空气中的氮转换成植物能够使用的形式，然后再把它排放到土壤中。其他植物包括兰花科，与菌根真菌有共生的联系，菌根真菌可以使兰花获得所需的磷。草和非禾本草本植物的种类在巴西高地的塞拉多林地热带稀树草原中多达4700种，它们能够承受野火的侵袭，它们的草籽和根茎都被土壤保护得十分安全。同时，野火会把地表上死去的动物和植物烧成灰，从而使土壤从中得到养分，草本植物会在野火过后的几天内发芽，而兰花和其他的花也会在几周之内开始生长。

附生植物或气生植物是塞拉多林地热带稀树草原中典型的部分，但是它们在热带干燥和潮湿大草原中却没有那么重要。根部悬在空中生长的植物包括兰花、凤梨科植物和仙人掌，藤本植物包括牵牛花、薯蓣和西番莲。

那些在雨季被水淹没的地区没有典型的塞拉多林地热带稀树草原植物。在棕榈树大草原，那里主要的植物是棕榈树，不同种类的棕榈树随着季节的变化在不同的地方生长。在这些淹水的地方会不规则地出现一些来历不明的土丘，它们看起来好像是被遗弃的白蚁巢，它们在水中组成小岛，无法在水中生长的木本植物会生长在这些小岛上，这种特殊的环境叫作土丘地。

长廊林是一个重要的动物栖息地。这些厚密的树和灌木沿着河岸而生长（见图3.25）。很多动物依靠长廊林作为栖息、营巢和觅食的地方。

塞拉多林地大草原的植物对于人类有一定的价值。超过100种的灌木、矮灌木和非禾本草本植物都有药用价值，当地人利用植物的根、叶子、茎、枝和果实来制造饮料和酒。有一种植物叫作山金车花，它的茎与叶子所制成的抗生素在巴西中部广为流传。

塞拉多林地热带稀树草原有大量与庄稼有联系的植物。塞拉多林地热带稀树草原有42种野生的木薯，它们之中都含有淀粉，类似的植物在热带地区一直被作为食物。甘薯、红薯、腰果、香草和菠萝在这里也都有野生的近亲。

在塞拉多林地热带稀树草原中，动物的生活与非洲大草原相比是截然不同的。比如在南非东部常见的大型哺乳动物，在南美的塞拉多林地热带稀树草原中是非常少见的。在这里居住的大型食草哺乳动物有貘、亚马孙鹿和巨型犰狳，大型的食肉哺乳动物只有美洲豹和美洲狮。然而，在遥远的过去，许多大型的哺乳动物曾生活在这里，由于中美洲地峡的形成使得北美的动物无法继续来到南美，这也导致了南美洲大型哺乳动物的灭绝。其实，现在生活在南美洲的大型哺乳动物并不局限于塞拉多林地热带稀树草原，它们也生活在南美其他不同的生物群落里，只有鬃狼（见图3.27）是生活在塞拉多林地热带稀树草原中特有的动物。哺乳动物大部分都是体重只有117磅（约50公斤）的小型哺乳动物，在新热带区的动物中负鼠、小食蚁兽、犰狳、刺豚鼠和无尾刺豚鼠数量最多。

图3.27 鬃狼是塞拉多林地热带稀树草原中的原始动物 （蒂姆·克鲁克特提供）

在塞拉多林地热带稀树草原生活的鸟类种类众多，超过800种。其中30%是特有的鸟类。种类最多的是捕蝇鸟，有111种。最典型的鸟类是居住在陆地上的鸟，例如美洲鸵、红腿叫鹤，还有一种长得像山鹑的南美走禽。鸟种类最少的地方是纯草大草原，因为那里没有长廊林或其他

鬃狼：标志性动物

野生环境中，有些动物更能吸引人们的注意，所以人们就会更加关心和保护它们。环境保护组织经常挑选这种动物作为样板，来代表它所居住的环境，提醒人们要保护好动物的生活环境与生态系统，这种动物通常叫作标志物种。这种动物通常都是大型的哺乳动物，居住在较大的生活环境里，所以对它们的保护也就覆盖了大片的面积。而且在保护标志物种的同时，一些不为人注意的物种也间接受到了保护。鬃狼是南美洲最大的犬科动物，它成为塞拉多林地热带稀树草原的标志物种。

乍一看，鬃狼长得非常像长腿的大耳红狐。通常身高为4英尺(约120厘米)，体重为55磅（约25公斤）。鬃狼的皮毛呈橘褐色，腿为黑色。当它感觉到危险的时候，黑色的耳朵会竖起来。生活习惯与狐狸非常相像，但是鬃狼既不是狐狸也不是狼，而是南美洲一种特有的犬科动物。

鬃狼是独居的，主要在夜间活动。食物为无尾刺豚鼠、刺豚鼠、小型的啮齿目动物、昆虫、爬行动物、鸟类和水果。

鬃狼和其他生活在塞拉多林地热带稀树草原中的动物在农业开垦的威胁下正在失去栖息地。一些人射杀鬃狼，因为它们会捕食家禽。还有些人射杀鬃狼，是因为他们相信鬃狼身体的某些部位具有魔力或可以药用。

森林可以栖息、营巢和觅食的地方。金刚鹦鹉是世界上最大的鹦鹉，与其他种类的鹦鹉一样，它们会吃掉90%的棕榈树果实。它们吃食后掉在地上的剩余品便成了负鼠、貘和鬃狼的食物。

塞拉多林地热带稀树草原生活的鸟类，大部分是居住在树上的，只有少数居住在地上。例如吃水果的鹦鹉和食用花蜜的蜂鸟，70%的鸟类在雨季居住在长廊林和干燥的森林中。无论是生活在开阔的草原，还是生活在树上的鸟类，都是塞拉多林地热带稀树草原花粉和树籽的重要传播者。很多鸟类是被草原野火吸引过来的，因为那时是捕捉昆虫最好的时机。

在这里生活的爬行动物，如乌龟、鳄鱼、蛇蜥、蜥蜴等，是塞拉多林地热带稀树草原特有的物种，这些爬行动物，有的居住在地下，有的居住在昆虫遗弃的巢穴里。居住在地下的爬行动物在野火来临的时候，可以躲在地下逃避野火。有些蜥蜴和蛇还会栖息在树上。变色龙因适应树上的生活，进化了可以抓树的尾巴。

成千上万的白蚁和蚂蚁是塞拉多林地热带稀树草原中植物的主要消耗者。与非洲的塔形蚁巢相比，这里的蚁巢只不过是小土丘。这些土丘多位于树下、树杈间、围栏脚下和任何可以筑起土丘的地方。白蚁和蚂蚁都生活在有高度社会组织的群体中，每个蚁巢里的白蚁或者蚂蚁动辄上百万只，每天吃掉的植物相当于一头牛所食用的量。

今天，塞拉多林地热带稀树草原面临着许多威胁，大部分来自于农业、水利和交通的发展。巴西政府鼓励在巴西高地上发展大规模的农业，采用科技手段改良那里贫瘠和含铝量过高的土壤，目前柠檬和化学肥料已经改善了那里的土壤，农业科技研究中心同时也研究出了可以抵抗干旱的黄豆、大米和玉米作物。畜牧业也随之发展,引进了澳洲橡胶树和北美松树，使塞拉多林地热带稀树草原变成了以农业为主的地区，1990年，2/3的塞拉多林地热带稀树草原已经变成了农田、种植园和牧场，2000年，这个比例已达80%，为了在偏僻地区开拓修路，自来水和电力开通了。

蚂蚁无处不在

蚂蚁在塞拉多林地热带稀树草原中无处不在。它们会在树上、灌木上和叶子上爬来爬去。蚂蚁与树木的关系非常亲密，和很多昆虫的关系也是如此。佩基是一种小树，能在树叶上分泌糖浆，而这种小树会吸引34种不同的蚂蚁前来觅食。因为这些蚂蚁会保护小树的树叶不被食草动物食用，所以有蚂蚁的树木会生长得更好。

有些昆虫如角蝉、蚜虫和毛虫都会制造一种甜甜的液体，叫作蜜露，其中含有丰富的糖分和蛋白。这种蜜露会被21种不同的蚂蚁作为食物。蚂蚁会饲养和保护生产蜜露的昆虫，使昆虫的幼虫不受到伤害。这种生产蜜露的昆虫会把蜜露滴在地上来吸引蚂蚁。

切叶蚁是新热带区的稀有昆虫，它们也是南美洲热带稀树草原和雨林中植物叶子的主要消耗者。切叶蚁不会直接食用树叶，而是把树叶切成小块然后带回蚁巢，在南美热带雨林经常可以看见切叶蚁排着整齐的长队运送叶子回家。等切叶蚁把叶子的碎片运回蚁巢以后，再由更小的蚂蚁把叶子嚼成更小的碎片,直到叶子完全被嚼碎而变成一种松软的物体，然后真菌会生长在这种松软的物体上，切叶蚁再食用真菌。

切叶蚁生活在地下，而其他蚂蚁生活在树木上、植物的干枯的茎中，或者生活在自己建造的蚁巢中。

现在巴西人已意识到他们所失去的，为了保护大自然他们正在做出努力，建立了数个国家公园和保护区，但是没有受到干扰的纯天然的塞拉多林地热带稀树草原已经变得越来越小了。植物的存在是为了创造生物系统的走廊，来连接小块的塞拉多林地热带稀树草原和长廊林，增强动植物的移动，因此一个区域在被外界干扰之后的恢复是至关重要的。

词 汇 表[1]

适　应　一个物种在形态、生理和行为方面的改变，使它们在某个地区有着更多生存和繁衍后代的机会。

一年生植物　在一年内完成生命周期的植物。

偶蹄动物　四肢末端的蹄呈双数的有蹄动物，如羚羊、北美野牛和长颈鹿等，这些哺乳动物是大草原中的主要动物。

生物多样性　某一特定环境中所有生物形式的多样和变化。它通常指的是物种的多样性（有多少不同的物种），但也包含基因多样性和生态体系的多样性。

生态群落　指生活在一定的自然区域内、相互之间具有直接或间接关系的各种生物的总和。

食草动物　以叶子、小树枝和植物的茎为食物的动物。

芦　苇　一种类似草的植物，生长在湿地中，长有多簇褐色的花朵。

C_3植物　一种冷季草，它会通过卡尔文循环的化学途径，在光合作用时把二氧化碳吸收到三碳分子中。大部分的绿叶植物都属于C_3类。

C_4植物　一种暖季草，它会在光合作用时使用四碳分子把二氧化碳转换成有机分子。大部分热带草都属于C_4类。

---

①这是原著者对书中涉及的词语进行的通俗解释，并非严谨的科学解释，译者忠于原文进行了翻译——编者。

海角植物区 是南非植物界的另外一个名字，它环绕在南非好望角的附近，以大量和多种的植物而闻名。

豚鼠类（啮齿动物） 南美特有的啮齿动物，包括豚鼠、水豚和长耳豚鼠。而刺猬则是北美唯一的一种豚鼠。

寒季草 一种最适合在温和气温中生长的草，它们会在一年中最热的时候休眠，然后在气温相对低的时候继续生长。在温带大草原中这种C_3类的草是常见的。

草 秆 草或者其他禾草的茎。

垫状植物 在茂密土丘上缓慢生长的多茎植物。

干 扰 可以破坏和毁灭部分生态系统的因素，如：过度的放牧、土壤、火等其他原因。

土壤的 关于土壤和基质的条件，也就是影响植物生长的条件，例如养分、不通畅地排水、过量地排水和硬质地层的存在。

厄尔尼诺现象 赤道东太平洋冷水域海温异常升高的现象，是一种影响赤道太平洋，尤其南美洲西海岸沿岸的季节性气候现象。在12月份厄尔尼诺现象发生期间，造成海岸异常干燥的高气压系统和冷洋流被低气压、暖海水、高湿度甚至雨水所取代。剧烈、持久的厄尔尼诺现象能够影响世界范围内的气候模式。

地方性的 一个地区或某个地区原生或特有的。

外来的 非原生的，后被带来的。

动物区系 一个地区所有动物的物种，例如鸟类区系和食草动物区系。

非禾本科草本植物 一种有宽叶和柔软非木本茎的草。野花通常都是以这种形式生长的。

适于掘地的 掘穴的、适应生活在地下的动物。

高山硬叶灌木群落 南非海角植物区中的地中海灌木植被。

禾草状植物 禾草、莎草、灯芯草和芦苇的生长形式，是草本植物的一种。

硬质地层 土壤中浓密而像岩石一样的阶层，水分和植物的根都很难穿越它。

草本植物 一年生或多年生的非木本植物。禾草和非禾本草本植物都是这种生长形式。

蜜　露 蚜虫和介壳虫分泌出的含糖的液体。

腐殖质 完全腐烂变成胶质的有机物质，颜色为深褐色。它能帮助土壤保存水分和营养，因此有腐殖质的土壤是肥沃的。

离　子 带有正负极电荷的小颗粒。

热带辐合区 南北半球信风之间的交汇地带，随着季节变换其在赤道南北的位置。当热带辐合区位于高纬度时，通常会带来大量降雨。

红土带 红色热带土壤（氧化土）中由于含有较高浓度的氧化铁而形成的土层。

纬　度 赤道以北或以南的（距离赤道的范围），其计量单位是度。赤道是0°纬线。低纬度地区位于南北纬0°至30°之间，中纬度地区位于南北纬30°至60°之间，高纬度地区位于南北纬60°至90°之间。

沥　滤 下流的水分带走土壤中物质的过程。

豆类植物 豆类家族植物中的成员。豆类植物的根分布有根瘤，能固定空气中的游离氮元素，将其转变成植物营养所需的物质。

黄　土 指在干燥气候条件下形成的多孔性、具有柱状节理的黄色粉性土。

有袋类动物 有袋目的无胎盘哺乳动物的一种，是早期哺乳动物的主要形态。有袋类动物是澳洲主要的哺乳动物，也有多种生活在新热带区。

地中海气候 由西风带与副热带高气压带交替控制形成的。是亚热带、温带的一种气候类型。

迁　移　随着季节的变化从一个地区转移到另一个地区，在季节结束的时候再转移回原来的地区。

季　风　由于大陆与邻近海洋之间存在的温度差异而形成大范围盛行的、随着季节会有显著变化风向的风系。

新热带区的　用来概括从墨西哥南部延伸到加勒比海和南美洲南部的区域和在这里生活的动植物。

固氮作用　把氮转换成硝酸盐的能力。只有一些微型有机物才能做到这一点，它们帮助了需要硝酸盐而自己却无法做到这个转换过程的高级植物。根瘤菌和蓝藻细菌是土壤中转换氮的重要微型有机物。

多年生植物　能够生存两年或两年以上的植物。

奇蹄类动物　有奇数脚趾的有蹄动物，例如斑马、犀牛和貘。

雨　影　在山区或山脉的背风面，雨量比向风面显著偏小的区域。山脉高峻能阻隔季风，从而形成雨影效应。

平胸鸟　胸骨扁平如筏的鸟类，没有用以扩大飞行的肌肉，固着面积的龙骨突起，因此不能飞行。包括食火鸡和美洲鸵等。

根　茎　指延长横卧的根状地下茎。

反刍动物　多数反刍动物的胃都分为四个部分或四个腔。动物进食经过一段时间以后，将在胃中半消化的食物返回嘴里再次咀嚼。

莎　草　莎草科中一种类似草、可以开花的植物，但是比草更喜欢潮湿的生长环境。

半干旱的　降雨量较少无法支持树木生存的地区，在中纬度的半干旱地区，年降雨量通常为10~20英寸（约25~50厘米），有天然草原。

匍匐茎　纵向生长的植物茎，通过分叉的方式来生长新草。

气孔（植物）　叶、茎及其他植物器官上皮上许多小的开孔，用来与大气交换气体和水蒸气。

灌　木　指那些没有明显主干、呈丛生状态、比较矮小的树木。

肉质植物　一种在植物组织中储存大量水分的生长形式。它们可以用叶子、茎或根来储存水分。

分　蘖　植物在地面以下或接近地面处所发生的分枝。

信　风　在低空从副热带高压带吹向赤道低压带的风。

热　带　地球上位于北纬23°30′和南纬23°30′之间的地区。

草　丛　禾草和莎草的生长形式，它们聚集和生长在一起，形成明显的小丘。

有蹄类动物　有蹄的哺乳动物。

植　被　覆盖地表的植物群落的总称。

暖季草　一种适应于在高温环境下进行光合作用和生长的草。多为生长在热带或有炎热夏季的温带的C_4植物。

气　候　几十年或是几个世纪以来，大气物理特征的平均状态。

风　化　指在地表或接近地表的坚硬岩石、矿物与大气、水以及生物接触过程中产生物理、化学变化，从而在原地形成松散堆积物的全过程。

杂　草　在干扰区生长的一种植物，生命周期较短，但是生长迅速。

附录(第二章)
温带草原生物群落动植物中文与拉丁文学名对照表

北美大草原

高草草原的代表性植物

草本植物	
高草	
大须芒草	*Andropogon gerardi*
美洲须芒草	*Andropogon hallii*
柳枝稷	*Panicum virgatum*
中型草	
小须芒草	*Schizachrium scoparium*
假高粱草	*Sorghastrum nutans*
草原沙芦苇	*Calamavilfa longifolia*
小型草	
垂穗草	*Bouteloua curtipendula*
非禾本草本植物	
葵花家族	
西洋蓍草	*Achillea* spp.
紫松果菊	*Echinacea angustifolia*
秋麒麟草	*Solidago* spp.
向日葵	*Helianthus spp.*
豌豆家族	
野紫花苜蓿	*Psoralea tenuifolia*
草原三叶草	*Petalostemon* spp.
丛生三叶草	*Lespedeza virginica*

高草草原的代表性动物

大型哺乳动物	
食草动物	
美洲野牛	*Bison bison*
叉角羚	*Antilocapra americana*
麋鹿	*Cervus Canadensis*
长耳鹿	*Odocoileus hemionus*
食肉动物	
狼	*Canis lupus*
小型哺乳动物	
食草动物	
美洲白尾灰兔	*Sylvilagus floridanus*
白尾长耳兔	*Lepus townsendii*
十三线地松鼠	*Spermophilus tridecemlineatus*
草原田鼠	*Microtus ochrogaster*
平原禾鼠	*Reithrodontomys montanus*
食蝗鼠	*Onychomys leucogaster*
衣囊鼠	*Geomys bursarius*
食肉动物	
草原狼	*Canis latrans*
红狐狸	*Vulpes fulva*
美洲獾	*Taxidea taxus*
银鼠	*Mustela frenata*
加拿大臭鼬	*Mephitis mephitis*
鸟类	
高原鹬	*Bartamia longicauda*
穴鸮鸟	*Speotypto acunicularia*
大草原鸡	*Tympanuachus cupido*
角百灵	*Eremophila alpestris*
蝗草鹀	*Ammodramus savannarum*
美洲雀	*Spiza Americana*

东部草地鹨	*Sturnella major*
西部草地鹨	*Sturnella neglecta*

混合草草原的代表性植物

草本植物	
中型草	
西部芽草	*Andropogon smithii*
沙蓝茎草	*Andropogon hallii*
草原鼠尾粟	*Sporobolus cryptandrus*
草地早熟禾	*Koeleria cristata*
针线草	*Stipa comata*
短草	
蓝牧草	*Bouteloua gracillis*
野牛草	*Buchloe dactykoides*
非禾本草本植物	
西洋蓍草	*Achillea lanulosa*
菊科植物	*Aster ericoides*
平原蜜蜂花	*Monarda pectinata*
木本植物	
山艾	*Artemisia frigida*
银山艾	*Artemisia cana*
野玫瑰	*Rosa* spp.
欧洲白杨	*Populus tremuloides*
肉质植物	
苦刺梨仙人掌	*Opuntia fragiles*
平原刺梨仙人掌	*Opuntia polycanta*

混合草草原的代表性动物

大型哺乳动物	
食草动物	
美洲野牛	*Bison bison*

叉角羚	*Antilocapra Americana*
麋鹿	*Cervus canadensis*
食肉动物	
狼	*Canis lupus*
小型哺乳动物	
黑尾草原土拨鼠	*Cynomys ludovicianus*
北方囊鼠	*Thomomys talpoides*
草原跳鼠	*Zapus hudsonius*
鸟类	
王鹫	*Buteo regalis*
鹫	*Aquila chrysaetos*
尖尾松鸡	*Pedioectes phasianelles*
贝尔氏草鹀	*Ammodramus bairdii*
斯普拉格氏鹨	*Anthus spragueii*
栗领铁爪鸟	*Calcarus ornatus*
迈可孔氏铁爪鸟	*Rhynchophanes mccownii*
爬行动物	
草原响尾蛇	*Crotalus viridus*
平原猪鼻蛇	*Opheodrys vernolis*
牛蛇	*Pituophis melanleuces*
平原乌蛇	*Thamnophis radix*
短角蜥蜴	*Phyrnosoma douglassi*
两栖动物	
大平原蟾蜍	*Bufo cognatus*
豹纹蛙	*Rana pipiens*

短草草原的代表性植物

草本植物	
短草	
蓝牧草	*Bouteloua gracilis*

野牛草	*Buchlöe dactyloides*
中型草	
西部芽草	*Andropogon smithii*
针线草	*Stipa comata*
红三芒草	*Aristida longiseta*
木本植物	
山艾	*Artemisia frigida*
银山艾	*Artemisia cana*
野玫瑰	*Rosa* spp.
肉质植物	
苦刺梨仙人掌	*Opuntia fragiles*
平原刺梨仙人掌	*Opuntia polycanta*

短草草原的代表性动物

大型哺乳动物	
食草动物	
美洲野牛	*Bison bison*
叉角羚	*Antilocapra americana*
小型哺乳动物	
食草动物	
黑尾长耳兔	*Lepus californica*
白尾长耳兔	*Lepus townsendii*
沙漠棉尾兔	*Sylvilagus audubonii*
十三线地松鼠	*Spermophilus tridecemlineatus*
白尾草原土拨鼠	*Cynomys leucurus*
平原衣囊鼠	*Geomys bursarius*
北方衣囊鼠	*Thomomys talpoides*
食肉动物	
獾	*Taxidea taxus*
黑脚鼬	*Mustela nigripes*
郊狼	*Canis latrans*

鸟类	
岩鸻	*Charadrius montana*
穴鸮鸟	*Speotypto acunicularia*
大草原鸡	*Tympanuachus cupido*
角百灵	*Eremophila alpestris*
简色雀鹀	*Spizella breweri*
西部草原云雀	*Sturnella neglecta*
鹨鹀	*Calamospiza melanocorys*
栗领铁爪鸟	*Calcarus ornatus*
迈可孔氏铁爪鸟	*Rhynchophanes mccownii*
爬行动物	
草原响尾蛇	*Crotalus virdus*
食鼠蛇	*Pituophis catenifer*
西部猪鼻蛇	*Heterodon nasicus*
石龙子	*Eumeces* spp.
短角蜥	*Phrynosoma douglassi*
箱龟	*Terrapene ornate*
两栖动物	
大平原蟾蜍	*Bufo cognatus*
美西蟾蜍	*Bufo woodhousei*
豹纹蛙	*Rana pipiens*

帕卢斯大草原的代表性植物

草本植物	
蓝牙草	*Agropyron spicatum*(=*Pseudoroegneria spicata*)
爱荷华牛毛草	*Festuca idahoensis*
桑德伯格蓝草	*Poa secunda*
草原早熟禾	*Koeleria macrantha*
红千层	*Elymus elymoides*
多年生非禾本草本植物	
西部西洋蓍草	*Achillea lanulosa*

黄扁萼花	*Castilleja lutescens*
老人胡须草	*Geum trifoleum*
绢毛羽扇豆	*Lupinus sericeus*
卜若地	*Brodiaea douglasii*
羊舌千里光	*Senecio integerrimus*
卡马夏属植物	*Camassia quamas*
一年生非禾本草本植物	
柳草	*Epilobium paniculatum*
印第安莴苣	*Montia linearis*
繁缕	*Stellaria nitens*
矮灌木	
箭叶香根	*Balsamorhiza sagittata*
白浆果	*Symphoricarpus albus*
野玫瑰	*Rosa nutkana, Rosa woodsii*

帕卢斯大草原的代表性动物

大型哺乳动物	
食草动物	
美洲野牛	*Bison bison*
叉角羚	*Antilocapra americana*
长耳鹿	*Odocoileus hemionus*
白尾鹿	*Odocoileus virginianus*
麋鹿	*Cervus canadensis*
小型哺乳动物	
食草动物	
白尾长耳兔	*Lepus townsendii*
山棉尾兔	*Sylvilagus nuttalii*
黄腹土拨鼠	*Marmota flaviventris*
哥伦比亚地松树	*Spermophilus columbianus*
食肉动物	
郊狼	*Canis latrans*

獾	*Taxidea taxus*
鸟类	
简色雀鹀	*Spizella breweri*
尖尾松鸡	*Tympanuchus phasioanellus*
爬行动物	
草原响尾蛇	*Crotalus virdis*
乌蛇	*Thamnophis ordinalis*
牛蛇	*Pituophis catenifer*

加利福尼亚大草原的代表性植物

十八世纪前	
多年生草	
紫针茅草	*Stipa pulchra*
熔岩区蓝草	*Poa scabrella*
三芒草	*Aristida* spp.
野黑麦	*Elymus glaucus*, *Leymus triticoides*
草地早熟禾	*Koeleria cristata*
一年生草	
小牛毛草	*Vulpia microstachys*
六周牛毛草	*Vulpia octoflora*
多年生非禾本草本植物	
加州罂粟	*Eschsholtzia californica*
猫头鹰三叶草	*Orthocarpus purpurascens*
十八世纪后	
一年生草	
野燕麦	*Avena fatua*, *Avena barbata*
毛雀麦	*Bromus hordeaceus*
一年生非禾本草本植物	
芹菜太阳花	*Erodium botrys*

加利福尼亚大草原的代表性动物

大型哺乳动物	
食草动物	
叉角羚	*Antilocapra americana*
长耳鹿	*Odocoileus hemmionus*
麋鹿	*Cervus Canadensis nannodes*
食肉动物	
狼	*Canis lupus*
大灰熊	*Ursus horribilis*
山狮	*Felis concolor*
小型哺乳动物	
食草动物	
加州地松鼠	*Citellus beecheyi*
弗雷斯诺更格卢鼠	*Dipodomys nitratoides exilis*
蒂普顿更格卢鼠	*Dispodomys nitratoides nitratoides*
圣华金美洲羚黄鼠	*Ammospermophilus nelsoni*
圣华金美洲囊鼠	*Perognathus inornatus*
大型更格卢鼠	*Dipodomys ingens*
食肉动物	
美洲野猫	*Felis rufus*
郊狼	*Canis latrans*
圣华金谷小狐	*Vulpes macrotis mutica*
爬行动物	
圣华金翠绿林神蛇	*Masticophis flagellum ruddocki*
钝鼻豹纹蜥蜴	*Gambelia sila*
格氏石龙子	*Eumeces gilberti*

沙漠草原的代表性植物

草本植物	
美牧草	*Bouteloua* spp.
托博索草	*Hilaria mutica*

平原画眉草	*Eragrostis intermedia*
穆勒希草	*Muhlenbergia* spp.
肉叶灌木	
丝兰	*Yucca* spp.
熊草	*Nolina microcarpa*
龙舌兰	*Agave* spp.
木本植物	
刺柏属丛木	*Juniperus deppeana and Juniperus monosperma*
艾氏栎	*Quercus emoryi*
苯酚灌木	*Larrea tridentata*
豆科灌木	*Prosopis* spp.
墨西哥刺木	*Fouqueria spendens*
阿拉伯胶树	*Acacia* spp.

沙漠草原的代表性动物

大型哺乳动物	
白尾鹿	*Odocoileus virginianus*
长耳鹿	*Odocoileus hemiomus*
野猪	*Tayasssu tajuca*
小型哺乳动物	
黑尾长耳兔	*Lepus californicus*
长耳兔	*Lepus alleni*
斑地松鼠	*Spermophilus spilosoma*
更格卢鼠	*Dipodomys ordii and Dipodomys spectabilis*
郊狼	*Canis latrans*
獾	*Taxidea taxus*
美洲野猫	*Felis rufus*
灰狐狸	*Urocyon cineargenteus*
小狐狸	*Vulpes macrotis*

条纹鼬	*Mephitis mephitis*
鸟类	
鳞斑鹑	*Callipepla squamata*
甘氏鹌鹑	*Callipepla gambelli*
蒙特苏马鹌鹑	*Crytonyx montezumae*

欧亚大陆大草原

欧亚大陆西部草原的代表性植物

草本植物	
虎尾草	*Stipa lessingiana*, *Stipa pulcherrima*, and *Stipa zaleski*
芽草	*Agropyron* spp.
牛毛草	*Festuca* spp.
燕麦草	*Helichtotrichon* spp.
草地早熟禾	*Koeleria* spp.
莎草	
莎草	*Carex humilis and others*
非禾本草本植物	
白头翁	*Pulsatilla patens*
黄花草	*Adonis vernalis*
勿忘我	*Myosotis sylvatica*
雪花莲	*Anemone sylvestris*
田园亚麻子	*Senecio campestris*
三叶草	*Trifolium montanum*
莎斯塔雏菊	*Chrysanthemum leucanhemum*
六瓣合叶子	*Filipendula hexapetala*

欧亚大陆西部草原的代表性动物

大型哺乳动物	
欧洲野马	*Equus gmelini*
欧洲野牛	*Bos Taurus*

小型哺乳动物	
欧黄鼠	*Spermophilus pygmaeus*
草原土拨鼠	*Marmota bobak*
土拨鼠	*Marmota siberica*
鼠兔	*Ochotonoa daurica*
草原旅鼠	*Lagurus lagurus*
布氏田鼠	*Lasiopodomys brandtii*
普通田鼠	*Microtus arvalis*
狭颅田鼠	*Microtus gregalis*
社田鼠	*Microtus socialis*
鼹田鼠	*Ellobius talpinus*
鼹鼠	*Spalax microphthalmus*

欧亚大陆东部草原的代表性植物

草本植物	
虎尾草	*Stipa* spp.
闭花受精植物	*Cleistogenes squarrosa*, *Cleistogenes polyphylla*
草地早熟禾	*Koerelia gracilis*
蓝草	*Poa sphondylodes*
小灌木	
灌木蒿	*Artemisia frigida*

欧亚大陆东部草原的代表性动物

大型哺乳动物	
西亚野驴	*Equus hemionus*
双峰骆驼	*Camelus bactrianus*
赛加羚羊	*Saiga tatarica*
蒙古羚羊	*Procapra guffurosa*

小型哺乳动物	
欧黄鼠	*Spermophilus pygmaeus*
草原土拨鼠	*Marmota bobak*
毛足仓鼠	*Phodopus sungorus*
沙漠仓鼠	*Phodopus roborouskii*
布氏田鼠	*Lasiopodomys brandtii*
窄头田鼠	*Microtus Gregalis*
鼢鼠	*Myospalax aspalax*
鸟类	
角百灵	*Eremophila alpestris*
蒙古百灵	*Melanocorpha mongolica*
云雀	*Alauda arvensis*
沙鵖	*Oenanthe isabellina*
麦翁	*Oenanthe oenanthe*
爬行动物	
蒙古鞭尾蜥	*Eremias argus*
草原蜥蜴	*Phrynocephalus frontalis*
草原捕鼠蛇	*Elaphe dione*
两栖动物	
西伯利亚沙蟾蜍	*Bufo raddei*
青蛙	*Rana temporaria*

南美洲温带大草原

南美洲潘帕斯大草原的代表性植物

位于阿根廷的大草原	
草本植物	
智利针茅草	*Stipa neesiana*
乌拉圭落芒草	*Piptochaetium montevidense*
针茅属植物	*Stipa papposa*

非禾本草本植物	
夏季紫泽兰	*Eupatorium buniifolium*
斑猫儿菊	*Hypochoeris* spp.
小灌木	
卡克雅	*Baccharis* spp.
位于乌拉圭的大草原	
草本植物	
卡尼尼亚草	*Paspalum notatum*
巴哈雀稗	*Paspalum dilatatum*
熊草	*Schizachyrium condensatum*
地毯草	*Axonopus compressus*
雀麦草	*Bromus catharaticus*
潘帕斯草	*Cortaderia selloano*
非禾本草本植物	
刺芹属植物	*Eryngium* spp.
秋麒麟草属植物	*Solidago* spp.
鼠曲草	*Gnaphalium* spp.
开米三叶草	*Desmodium canum*
丛生草草原	
草本植物	
针茅草	*Stipa brachychaeta*
齿叶丛生草	*Stipa trichotoma*

南美洲潘帕斯大草原的代表性动物

大型哺乳动物	
潘帕斯鹿	*Ozotoceros bezoarticus*
小型哺乳动物	
食草动物	
负鼠	*Didelphis azarae*
负鼠	*Lutreolina crassicaudata*

犰狳	*Chaetophractus villosus*
犰狳	*Chlamyphorus truncatus*
犰狳	*Dasypus hybridus*
平原兔鼠	*Lagostomus maximus*
巴塔哥尼亚野兔	*Dolichotis patagonum*
南美田鼠	*Akodon* spp.
南美田鼠	*Bolomys* spp.
暮鼠	*Calomys* spp.
米鼠	*Orysomys* spp.
洞鼠	*Oxymycterus* spp.
麝香鼠	*Scapteromys* spp.
天竺鼠	*Cavia* spp.
伶鼬豚鼠	*Galea* spp.
土古鼠	*Ctennomys* spp.
食肉动物	
美洲虎	*Panthera onca*
美洲狮	*Felis concolor*
狐狸	*Psuedoalopex gymnocercus*
灰鼬	*Galictis cuya*
潘帕斯猫	*Felis colcolo*
黑斑猫	*Felis geoffroyi*
鸟类	
美洲鸵	*Rhea americana*
广场扑动鸟	*Colaptes campestris*
饰冠鹰雕	*Spizaetus ornatus*
凤头卡拉鹰	*Polyborus pancus*

巴塔哥尼亚大草原的代表性植物

木本灌木与垫状植物	
马塔尼格拉	*Junellia tridens*
卡拉法特	*Berberis heterophylla*

巴塔哥尼亚大草原的代表性动物

哺乳动物	
食草动物	
巴塔哥尼亚负鼠	*Lestodelphis halli*
野兔	*Dolichotis patagonum*
南部兔鼠	*Lagidium viscacia*
山兔鼠	*Lagidium wolffsohni*
骆马	*Lama guanicoe*
食肉动物	
美洲狮	*Felis concolor*
南美灰狐	*Dusicyon griseus*
猪鼻臭鼬	*Conepatus humboldti*
巴塔哥尼亚黄鼬	*Lyncodon patagonicus*
鸟类	
灰鹰雕	*Geranoaetus melanoleucus*
达尔文美洲鸵	*Pterocnemia pennata*
巴塔哥尼亚鸟	*Tinamotis ingoufi*
巴塔哥尼亚嘲鸫	*Mimus patagonicus*
巴塔哥尼亚黄雀	*Sicalis lebruni*
爬行动物	
蜥蜴	*Liolaemus fitzingeri*, *L.kingi*
巴塔哥尼亚壁虎	*Homonata darwinii*
达尔文鬣鳞蜥	*Diplolaemus darwinii*

南非大草原

南非大草原的代表性植物

草本植物	
红草	*Themeda triandra*

线叶须芒草	*Diheteropogon filifolius*
黄茅草	*Heteropogon contortus*
狗尾草	*Aristida junciformis*
绒伏生臂形草	*Brachiaria serrata*
盘固拉草	*Digitaria eriantha*
大看麦娘	*Setaria flabellate*
草地早熟禾	*Koeleria cristata*
小燕麦草	*Helictrichon turgidulum*
刺果刺桐草	*Miscanthidium erectum*
茅草	*Hyparrhenia hirta*
非禾本草本植物	
草原常绿草	*Helichrysum rugulosum*
千里光属植物	*Senecio erubescens*
加拿大飞蓬	*Conyza podocephala*
雏菊	*Berkheya onopordifolia*, *Berkheya pinnatifida*

南非大草原的代表性动物

哺乳动物	
食草动物	
山斑马	*Equus zebra zebra*
平原斑马	*Equus bruchelli*
白尾角马	*Connochaetes gnou*
非洲旋角大羚羊	*Taurotragus oryx*
红狷羚	*Alcelaphus buselaphus*
大羚羊	*Damaliscus dorcas*
跳羚	*Antidorcas marsupialis*
小岩羚	*Raphicerus campestris*
灰小羚羊	*Sylvicapra grimmia*
矮兔	*Lepus saxatilis*
海角野兔	*Lepus capensis*
非洲刺猬	*Hystrix africaeaustralis*

高原沙鼠	*Taera bransti*
条纹鼠	*Rhabdomys pumilo*
食肉动物	
土狼	*Proteles cristatus*
狳猁	*Felis caracal*
黑背豺	*Canis mesomelas*
黄獴	*Cynictis penicellata*
白尾猫鼬	*Ichneumia albicauda*
灵长类动物	
狒狒	*Papio cynocephalus ursinus*
长尾猴	*Chlorocebus aethiops*
鸟类	
黑鹳	*Ciconia nigra*
胡兀鹫	*Gypaetus barbatus*
南非兀鹫	*Gyps coprotheres*
桔喉长爪鸟	*Macronyx capensis*
灰翅弗氏鸟	*Scleroptila africanus*
野翁鸟	*Saxicola torquatus*
金雀	*Pseudochloroptila symonsi*

附录(第三章)
热带稀树草原生物群落动植物中文与拉丁文学名对照表

非洲热带稀树草原

非洲西部热带稀树草原撒哈拉地区的代表性植物

年生草	
印度蒺藜草	*Cenchrus biflorus*
禾草	*Schoenefeldia gracilis*
禾草	*Aristida stipoides*
木本植物	
金合欢属植物/伞树	*Acacia tortilis*
金合欢属植物	*Acacia laeta*
金合欢属植物	*Acacia ehrenbergiana*
软木塞树	*Commiphora africana*
沙枣	*Balanites aegyptiaca*
常绿灌木	*Boscia senegalensis*

非洲西部热带稀树草原撒哈拉地区的代表性动物

大型哺乳动物	
弯角剑羚	*Oryx dammah*[a]
苍羚	*Gazella dama*
小鹿瞪羚	*Gazella dorcas*
赤额瞪羚	*Gazella rufifrons*
狷羚	*Alcelaphus busephalus busephalus*[b]
非洲野狗	*Lycaon pictus*[c]
猎豹	*Acinomyx jubatos*[c]
狮子	*Pantera leo*[c]

小型哺乳动物	
博塔伊沙鼠	*Gerbillus bottai*
横纹沙鼠	*Gerbillus muriculus*
南希沙鼠	*Gerbillus nancillus*
沙鼠属	*Gerbillus stigmonyx*
彼得沙鼠	*Taterillus petteri*
白臀长尾沙鼠	*Taterillus pygargus*
斑马鼠	*Lemniscomys hoogstraali*

非洲西部热带稀树草原苏丹地区的代表性植物

多年生草	
象草	*Pennisetum purpureum*
象草或白茅草	*Hyparrhenia* spp
木本植物	
榄仁树属	*Terminalia* spp
金合欢属植物	*Acacia seyal*
金合欢属植物	*Acacia albida*
金合欢属植物	*Acacia nilotica*
猴面包树	*Adonsonia digitata*

非洲西部热带稀树草原苏丹地区的代表性大型哺乳动物

食草动物	
黑犀牛	*Diceros bicornis*
北部白犀牛	*Ceratotherium simum cottoni*
大象	*Loxodonta africanus*
西部长颈鹿	*Giraffa camelopardalis peralta*
西非大草原野牛	*Syncerus caffer brachyceros*
西部大羚羊	*Taurotragus derbianus derbianus*
马羚	*Hippotragus equinus*
食肉动物	
非洲野狗	*Lycaon pictus*

猎豹	*Acinomyx jubatus*
豹	*Panthera pardus*
狮子	*Panthera leo*

非洲西部热带稀树草原几内亚地区的代表性植物

多年生草	
象草或白茅草	*Hyparrhenia rufa*
须芒草	*Andropogon* spp
黍属	*Panicum* spp
柠檬草	*Cymbopogon* spp
大草原林地的木本植物	
榄仁树属	*Terminalia avicenniodes*
球花豆属	*Parkia biglobosa*
非洲豆科灌木	*Prosopis Africana*
乔木	*Anogeissus leiocarpus*
乔木	*Lophira lancelota*
猴面包树	*Adansonia digitata*
长廊林的树木	
木棉树	*Ceiba pentandra*
酒椰棕	*Raphia sudanica*
非洲油棕	*Elaeis guineensis*

非洲西部热带稀树草原几内亚地区的代表性动物

哺乳动物	
食草动物	
黑犀牛	*Diceros bicornis*
大象	*Loxodonta Africana*
河马	*Hippopotamus equinus*
疣猪	*Phacochorerus aethiopicus*
赤额瞪羚	*Gazella rufifrons*
大羚羊	*Taurotragus derbianus*
马羚	*Hippotragus equinus*

非洲水羚	*Kobus kob*
非洲大羚羊	*Kobus ellipsiprymnus*
转角牛羚	*Damaliscus lunatus*
小苇羚	*Redunca redunca*
水牛	*Syncerus cafer*
狒狒	*Papio papio*
疣猴	*Colobus guereza*
赤猴	*Cercopithecus patas*
食肉动物	
豹	*Panthera pardus*
猎豹	*Acinonyx jubatus*
非洲野狗	*Lycaon pictus*
鸟类	
鸵鸟	*Struthio camelus*
鲸头鹳	*Balaneiceps rex*
非洲秃鹳	*Leptoptilos crumeniferus*
爬行动物	
尼罗河鳄鱼	*Crocodylus niloticus*

非洲东部热带稀树草原的代表性植物

草本植物	
红草尾	*Themada trianda*
紫色鸽子草	*Setaria incrassata*
克莱因稷	*Panicum coloratum*
针茅草	*Aristida adscensionis*
雀茅类	*Eragrostis* spp.
须芒草	*Andropogon* spp.
木本植物	
金合欢属植物	*Acacia tortilis*
软木塞树	*Commiphora* spp.
扁担杆属	*Grewia bicolor*

榄仁树属	*Terminalia spinosa*
猴面包树	*Adansonia digitata*

非洲东部与南部热带稀树草原的代表性动物

哺乳动物	
食草动物	
非洲大象	*Loxodonta Africana*
白犀牛	*Ceratotherium simum*
黑犀牛	*Diceros bicornis*
平原斑马	*Equus burchelli*
格利威斑马	*Equus grevyi*
疣猪	*Phacochorus aethiopicus*
长颈鹿	*Giraffa camelopardis*
非洲水牛	*Syncerus cafer*
蓝非洲野羚	*Connochaetes taurinus*
普通大羚羊	*Alcepalus busephalus*
大羚羊	*Taurotragus oryx*
转角牛羚	*Damaliscus lunatus*
汤普森瞪羚	*Gazella thomsoni*
苍羚	*Gazella dama*
跳羚	*Antidorca marsupalis*
非洲瞪羚	*Litocranius walleri*
黑斑羚	*Aepyceros melampus*
犬羚	*Madoqua kirki*
大羚羊	*Oryx gazella*
以昆虫为食的动物	
刺猬	*Erinaceus albiventris*
象鼩	*Elephatus rufescens*
穿山甲	*Manis temminckii*
土豚	*Orycteropus afer*
缟獴	*Mungos mungo*

土狼	*Proteles cristatus*
食肉动物	
狮子	*Panthera leo*
豹	*Panthera pardus*
猎豹	*Acinonyx jubatus*
狞猫	*Felis caracal*
薮猫	*Felis serval*
狩猎犬	*Lysoan pictu*
金豺	*Canis aureus*
黑斑鬣犬	*Crocuta crocuta*
棕色鬣犬	*Hyaena brunnea*
黑纹灰鬣犬	*Hyaena hyaena*
杂食动物	
蜜獾	*Mellivera capensis*
非洲麝猫	*Vivera civetta*
草原狒狒	*Papio cynocephalus*
鸟类	
白头秃鹫	*Trigonoceps occipitalis*
鲁氏粗毛秃鹫	*Gyps rueppellii*
垂脸秃鹫	*Aegypius tracheliotus*
鸵鸟	*Struthio camelus*
蛇鹫	*Sagittarius serpentarius*
科瑞大鸨	*Ardeotis kori*
厦鸟	*Philetirus socius*
红嘴牛文鸟	*Bubalornis niger*
红嘴奎利亚雀	*Quelea quelea*
无脊椎动物	
白蚁	*Macrotermes* spp

塞伦盖蒂平原的代表性草本植物

中等草类	
红草尾	*Themada trianda*
常见赤褐色的草	*Loudetia simplex*
黄色白茅草	*Hyperthelia dissoluta*
竹草/兔尾草/喷泉草	*Pennisetum mezianium*
短草类	
须芒草	*Andropogon greenwayi*
毛蟹草	*Sporobolus ioclados*, *Sporobolus kentrophyllus*, *Sporobolus spicatus*
克莱草	*Panicum coloratum*
盖氏虎尾草	*Chloris gayana*
指形禾草	*Digitaria macroblephara*
百慕大草	*Cynadon dactylon*

喀拉哈里沙漠的代表性植物

一年生草类	
喀拉哈里旱叶草	*Schmidtia kaliharihariensis*
九芒草	*Enneapogon cenchroides*
多年生草类	
白色野牛草	*Panicum coloratum*
高族草	*Stipagrostis cilite*
小族草	*Stipagrostis obtusa*
丝族草	*Stipagrostis uniplumis*
李氏画眉草	*Eragrostis lehmanniana*
树类	
骆驼刺	*Acacia erioloba*
灰骆驼刺	*Acacia haematoxylon*
假伞刺	*Acacia luederitzii*
野绿发树	*Parkinsonia africana*
牧羊人树	*Boscia albitrura*
银葵叶	*Terminalea sericea*

灌木类	
黑刺	*Acacia mellifera*
蓝豆	*Lebeckia linearifolia*
绒葡萄干	*Grewia flava*
块茎植物	
谷百合	*Nerine lacticoma*
匍匐植物	
西瓜	*Citrullus lanatus*
鬼刺	*Tribulus terrestris and Tribulus zeyherie*
一年生非禾本草本植物	
黄鼠须	*Cleome angustifolia*
野蜡菊	*Helichrysum argyrosphaerum*
迅雷花	*Sesamum triphyllum*

喀拉哈里沙漠的代表性动物

哺乳动物	
哺乳动物	
刺猬	*Hystrix africeaustralis*
地松鼠	*Xerus inauris*
条纹鼠	*Rhabdomys pumilo*
口哨鼠	*Paratomys brantsii*
跳兔	*Pedetes capensis*
石羚	*Raphicerus campestis*
跳羚	*Antidorcas marsupalis*
好望角大羚羊	*Oryx gazella*
捻角羚	*Tragelaphus strepsiceros*
红狷羚	*Alcephalus buselaphus*
蓝角马	*Connochaetes taurinus*
食肉动物	
笔尾獴	*Cynictis penicillata*
蜜獾	*Mellivora capensis*

好望角狐	*Vulpes chama*
蝙蝠耳狐	*Otocyon megalotis*
黑背豺	*Canis mesomelas*
棕色鬣狗	*Hyaena brunnea*
猫鼬	*Suricata suricata*
非洲野猫	*Felis silvestris*
狞猫	*Felis caracal*
狮子	*Panthera leo*
豹	*Panthera pardalis*
猎豹	*Acinonyx jubotus*
土豚	*Oryctreopus afer*
鸟类	
鸵鸟	*Stuthio camelus*
南部白歌鹰	*Melierax canorus*
短尾鹰	*Terathopius ecaudatus*
垂脸秃鹰	*Torgos tracheliotus*
白背秃鹫	*Gyps africanus*
斑雕鸮	*Bubo africanus*
蛇鹫	*Sagittarius serpentarius*
燕尾食蜂鸟	*Merops hirundineus*
南部黄嘴犀鸟	*Tockus leucomelas*
乌鹃	*Dicrurus adsimilis*
白眉雀	*Plocepasser mahali*
群居织巢鸟	*Philetairus socius*
红嘴奎利亚雀	*Quelea quelea*
长尾织布鸟	*Vidua regia*
爬行动物	
豹龟	*Geochelone pardalis*
地飞龙蜥蜴	*Agama aculeata*
吠壁虎	*Ptenopus garralus*

南非潮湿大草原代表性的植物

灌木草原的树	
球刺金合欢属植物	*Acacia nigrens*
伞状金合欢属植物	*Acacia tortilis*
甜刺金合欢属植物	*Acacia karroo*
银葵叶	*Terminalis sericea*
红灌木柳	*Combretum apiculatum*
镰刀灌	*Dischrostachys cinereus*
马鲁拉树	*Sclerocarya birrea*
香肠树	*Kigelia Africana*
莫帕尼大草原的树	
莫帕尼树	*Colosphospermum mopane*
红灌木柳	*Combreturm apiculatum*
紫荚果葵叶	*Terminalia prunoides*
疟疾树	*Acacia xanthophloea*
西克莫无花果	*Ficus sycamorus*
纳塔尔桃花心木	*Trichilia emetica*
猴面包树	*Adansonia digitata*
高丛生禾草	
刺果刺桐草	*Hypertheliea dissoluta*
白茅草	*Hyperthelia filipendula*
红草	*Themeda trianda*
纳塔尔红顶草	*Rhynchelytrem repens*
野牛草	*Panicum maximum*

南非潮湿大草原代表性的动物

哺乳动物	
食草动物	
大象	*Loxodonta africanus*
平原斑马	*Equus burchelli*
白犀牛	*Ceratotherium simum*

黑犀牛	*Diceros bicornis*
河马	*Hippopotamus amphibious*
疣猪	*Phacochoerus africanus*
长颈鹿	*Giraffa camelopardis*
野牛	*Syncerus caffer*
大羚羊	*Taurotragus oryx*
蓝牛羚	*Connochaetes taurinus*
弯角羚	*Tragelaphus strepsiceros*
白斑羚	*Tragelaphus angasi*
南非林羚	*Tragelaphus scriptus*
非洲水羚	*Kobus ellipsiprymnus*
黑斑羚	*Aepyceros melampus*
南非大羚羊	*Damaliscus lunatus*
石羚	*Raphiceros campestris*
松鼠	*Paraxerus cepapi*
食肉动物	
土豚	*Orycteropus afer*
野狗	*Lycaon pictus*
黑背豺	*Canis mesomelas*
条纹豺	*Canis adustus*
黑斑鬣犬	*Crocuta crocuta*
麝猫	*Civettictis civetta*
矮猫鼬	*Helogale parvula*
狮子	*Panthera leo*
豹	*Panthera pardalis*
猎豹	*Acinonyx jubotus*
杂食动物	
大草原狒狒	*Papio cynocephalus*
黑长尾猴	*Chlorocebus aethiops*
鸟类	
三带珩科鸟	*Charadrius tricollaris*

凤头麦鸡	*Vanellus coronatus*
水石鸻鸟	*Burhinus vermiculatus*
锤头鹳	*Scopus umbrtta*
非洲捕鱼鹰	*Haliaeetus vocifer*
棕色捕蛇鹰	*Circaetus cinereus*
垂脸秃鹰	*Torgos tracheliotus*
斑鱼狗	*Ceryle rudis*
鞍状峰鹳	*Ephippiorrhyncus senegalensis*
非洲秃鹳	*Leptotilos crumeniferus*
红胸鸨	*Eupodotis ruficusta*
头盔珍珠鸡	*Numidia meleagris*
鹧鸪	*Pternistis swainsonii*
南部土犀鸟	*Bucorvus leadbeateri*
非洲灰犀鸟	*Tockus nasutus*
红嘴啄牛鸟	*Buphagus erythrorhynchus*
洋红峰虎	*Merops nubicoides*
紫胸佛法僧	*Coracias caudatus*
南非灰蕉鹃	*Corythaixoides concolor*
鹊鵙	*Corvinella melanoleuca*
伯氏欧掠鸟	*Lamprotonis australis*
红翅欧掠鸟	*Onychognathus morio*
黑额织布鸟	*Ploceus velatus*
红嘴奎利亚雀	*Qulelea quelea*
爬行动物	
豹龟	*Geochelone pardalis*
铰背龟	*Kinixys* sp.
尼罗河鳄鱼	*Crocodylus niloticus*

澳大利亚热带稀树草原

澳大利亚北部季风高草大草原的代表性植物

草本植物	
袋鼠草	*Themeda triandra*
野生高粱	*Sorghum* spp.
森纳勒红草	*Schizachryium fragile*
金茅草	*Chrysopogon fallax*
木本植物	
金合欢树	*Acacia* spp.
树胶	*Eucalyptus tetrodonta*, *E.miniata*
红木	*Eucalyptus terminalis*
白千层	*Melaleuca* spp.
哈克木属	*Hakea* spp.
拔克西木属	*Banskia* spp.
豆类植物	*Bauhinia* spp.
榄仁树属	*Terminalia* spp.

澳大利亚南部热带与亚热带高草大草原的代表性植物

草本植物	
黑茅草	*Heterpogon contortus*, *Heteropogon triticean*
袋鼠草	*Themeda* spp.
须芒草	*Bothriochloa* spp.
木本植物	
金合欢树	*Acacia* spp.
胶树	*Eucalyptus* spp.
白千层	*Melaleuca quinquenervia*
哈克木属	*Hakea* spp.
拔克西木属	*Banksia robur*
豆类植物	*Bauhinia* spp.
榄仁树属	*Terminalia* spp.

澳大利亚中高草大草原的代表性植物

草本植物	
三芒草	*Aristida* spp.
旱熟禾属植物	*Dichanthium sericeum*
红腿草	*Bothriochloa decipiens*
森林旱熟禾属植物	*Bothriochloa bladhii*
风车草	*Chloris* spp.
木本植物	
金合欢树	*Acacia* spp.
胶树	*Eucalyptus* spp.
白千层	*Melaleuca* spp.
哈克木属	*Hakea* spp.
拔克西木属	*Banksia* spp.
豆类植物	*Bauhinia* spp.
榄仁树属	*Terminalia* spp.

澳大利亚无脉相思树草原的代表性植物

草本植物	
马唐属植物	*Digitaria* spp.
袋狸草	*Monochatha paradoxa*
鹧鸪草	*Eriachne* spp.
三芒草	*Aristida* spp.
木本植物	
无脉相思树	*Acacia aneura*

澳大利亚热带稀树草原的代表性动物

哺乳动物	
有袋类动物	
灰袋鼠	*Macropus giganteus*
小袋鼠	*Macropus agilis*
羚大袋鼠	*Macropus antilpinus*

北部棕袋狸	*Isoodon macrurus*
北部袋鼬	*Dasyrus halluctus*
刷尾负鼠	*Trichosurus vulpecula*
蜜袋鼯	*Petaurus breviceps*
有胎盘哺乳动物	
鼠	*Rattus* spp.
香蕉鼠	*Melomys* spp.
林鼠	*Colinurus* spp.
水鼠	*Hydromys* spp.
鸟类	
鸸鹋	*Dromaius novaechollandiae*
吸蜜鹦鹉	*several genera*
凤头鹦鹉	*several genera*
鹦鹉	*several genera*
蜜雀	*family Meliphagidae*
伯劳鸟	*family Artamidae*
爬行动物	
伞蜥蜴	*Chlamydosaurus kingii*
澳大利亚巨蜥	*Voranus gouldii*

南美大草原

南美大草原长廊林的代表性植物

木本植物	
南美草原棕榈树	*Copernicia tectorum*
雨豆树	*Pithecellobium saman*
无花果树	*Ficus* spp.
格尼帕树	*Genipa americana*
巴拿马树	*Sterculia apetala*
木棉树	*Ceiba pentandra*

马齿苋	*Terminalia amazonica*
桃花心木	*Swietenia macrophylla*

南美大草原利亚诺斯群岛的代表性植物

草本植物	
竹草	*Hymenachne amplexicaulis*
李氏禾属草	*Leersia hexandra*
雀稗属	*Paspalum* spp.
刺莎草	*Eleocharis* spp.
禾本科	*Trachypogon* spp.
棕榈树	
莫里凯棕榈树	*Mauritia flexuosa*
多刺灌木	
巴里纳斯	*Cassia aculeata*
含羞草	*Mimosa pigra*, *mimosa dormiens*
柔毛绿心樟	*Randia armata*

南美大草原三角湾的代表性植物

漂浮植物	
水风信子	*Eichhornia crassipes*, *Eichhornia azurea*
水蕨	*Salvinia* spp.
水生菜	*pistia stratiotes*
水报春花	*Ludwigia* spp.
有根植物	
热带牵牛花	*Ipomoea crassicaulis*, *Ipomoea fistulosa*
刺莎草	*Eleocharis* spp.
莎草	*Cyperus* spp.

南美大草原高平原的代表性植物

草本植物	
禾本科	*Trachypogon plumosus*, *Trachypogon vestitus*

须芒草	*Andropogon semiberis*, *Andropogon selloanus*
近缘地毯草	*Axonopus anceps*
雀稗属	*Paspalum carinatum*
毛蟹草	*Sporobolus indicus*
木本植物	
腺柄砂纸桑木	*Curatella americana*
棕榈树	
莫里凯棕榈树	*Mauritia flexuosa*

南美大草原的代表性动物

哺乳动物	
食草动物	
巨型食蚁兽	*Myrmecophaga tridactyla*
南部小食蚁兽	*Tamandua tetradactyla*
南美大草原长鼻犰狳	*Dasypus sabanicola*
白尾鹿	*Odocoileus virginianus*
水豚	*Hydrochoerus hydrochaeris*
食肉动物	
巨型水獭	*Pteronura brasiliensis*
食蟹狐	*Cercocyon thous*
豹猫	*Leopardus pardalis*
美洲狮	*Felis concolor*
美洲虎	*Panthera onca*
爬行动物	
奥里诺科河鳄鱼	*Crocodylus intermedius*
眼镜凯门鳄	*Caiman crocodilus*
大草原侧颈龟	*Podocnemis vogli*
绿鬣蜥	*Iguana iguana*
金色特古蜥蜴	*Turpinambis teguixin*
巨型绿森蚺	*Eunectes murinus*

两栖动物	
甘蔗蟾蜍	*Bufo marinu*
绿眼树蛙	*Hyla crepitans*
黄树蛙	*Hyla microcephala*
里贝罗小树蛙	*Hyla miniscula*
加拉加斯猪嘴树蛙	*Scinax rostrata*
哥伦比亚四眼蛙	*Pleurodema brachyops*
游泳蛙	*Pseudis paradoxa*

塞拉多林地热带稀树草原的代表性植物

草本植物	
丛生禾草	*Tristachya chrysothrix*
草原婆罗门参	*Aristida pallens*
丛生禾草	*Leptocorphyium lanatum*
丛生禾草	*Trachypogon spicatus*
半灌木	
野南美番荔枝	*Annona pygmaea*
卡图巴	*Anemopaegma arvense*
小刺甘蓝豆木	*Andira humilis*
落花生	*Anacardium humile*
山金车	*Lychnophora ericoides*
山金车	*Pseudobrickellia pinifolia*
树木	
佩基	*Caryocar brasiliensis*
穆里西	*Byrsonima coccolobifolia*
腺柄砂纸桑木	*Curatella americana*
圣木	*Kielmeyera coriacea*

塞拉多大草原湿润地区的代表性植物

棕榈树	
布荔蒂油	*Mauritia vinifera*

木本植物	
腺柄砂纸桑木	*Curatella americana*
小刺甘蓝豆木	*Andira cuiabensis*

塞拉多林地热带稀树草原的代表性动物

哺乳动物	
食草动物	
白耳负鼠	*Didelphis albiventris*
巨型犰狳	*Priodontes maximus*
南部小食蚁兽	*Tamandua tetradactyla*
巨型食蚁兽	*Myrmecophaga tridactyla*
黑耳狨	*Callithrix penicillata*
南美貘	*Tapirus terrestris*
中美西貒	*Tayassu tajucu*
白唇西貒	*Tayassu pecari*
南美小红鹿	*Mazama Americana*, *Mazama gouazoupira*
草原鹿	*Ozotoceros bazoarcticus*
沼泽牛角花(鹿科)	*Blastoceros dichotomus*
无尾刺豚鼠	*Agouti paca*
刺鼠	*Dasyprocta agouti*
巴西豚鼠	*Cavia aperea*
玻利维亚卷尾豪猪	*Coendou prehensilis*
食肉动物	
鬃狼	*Chrysocyon brachyurus*
美洲虎	*Herpailurus yagouaroundi*
美洲虎	*Panthera onca*
鸟类	
美洲鸵	*Rhea americana*
蓝紫金刚鹦鹉	*Anodorhynchus hyacinthinus*
蓝顶亚马孙鹦鹉	*Amazona aestiva*
黄脸亚马孙鹦鹉	*Amazona xanthops*

蓝与金色金刚鹦鹉	*Ara ararauna*
桃额鹦鹉	*Aratinga aurea*
蓝冠鹦鹉	*Pionus menstrus*
小嘴鸟	*Crypturellus parvirostris*
红翼鸟	*Rhynchotus rufescens*
斑点鸟	*Nothura maculosa*
红腿叫鹤	*Cariama cristata*
穴鸮	*Athene cunicularia*
凤头卡拉鹰	*Polyborus plancus*
黄头秃鹫	*Cathartes burrovianus*
广场扑动翌	*Colaptes campestyis*
白领黑雨燕	*Streptoprocne zonaris*
爬行动物	
红脚龟	*Geochelone carbonaria*
蟒蛇	*Boa constrictor*
假珊瑚蛇	*Erythrolamprus aesculapii*
巴西响尾蛇	*Crotalus durissus*
珊瑚蛇	*Micrurus frontalis*
假变色龙	*Polychrus acutirostris*
鬣鳞蜥	*Tropidurus torquatus*
巨型蚓蜥	*Amphisbaena alba*
无脊椎动物	
新热带白蚁	*Armitermes euamignathus*
新热带白蚁	*Cornitermes snyderii*
南美切叶蚁	*Atta* spp. *and Acromyrmex* spp.